高职高专『十三五』精品规划教材

基础工程施工

国家示范性高职院校重点建设专业精品规划教材（土建大类）

国家高职高专土建大类高技能应用型人才培养解决方案

主　编／李荣健

副主编／徐小珊　刘燕

FOUNDATION ENGINEERING CONSTRUCTION

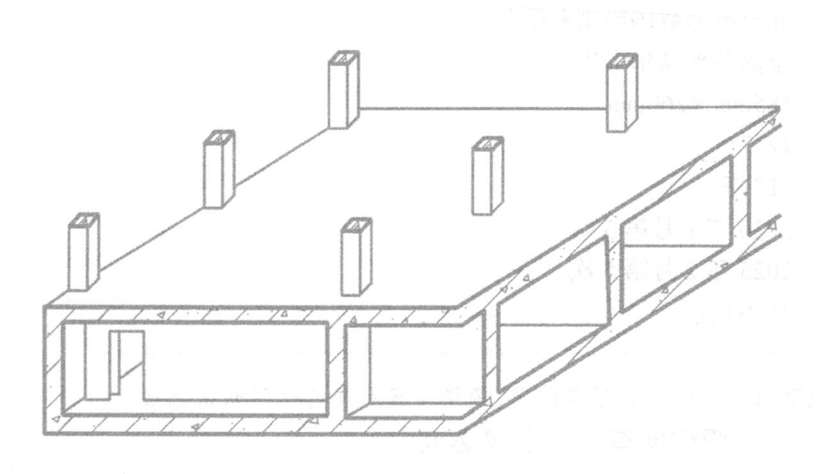

天津大学出版社
TIANJIN UNIVERSITY PRESS

内 容 提 要

本书根据高职高专示范院校建设的要求，基于工作过程系统化进行课程建设的理念，满足建筑工程技术专业人才培养目标及教学改革要求，选择基础类型(独立基础、条形基础、筏形基础、箱形基础、桩基础)为载体，根据工作任务编写而成，书中采用了最新的建筑施工规范。

书中除课程导入外，共分独立基础施工、条形基础施工、筏形基础施工、箱形基础施工和桩基础施工5个学习情境。在每个学习情境后编排了部分工程项目分析题，并增加了"教学评估表"，收集学生对本学习情境的学习反馈，便于教师完成教学反思。为满足学生可持续发展的需要，书中增加了部分拓展知识，各个学校可根据需要和课时自行安排，充分实现了学习过程的重复，学习知识的不重复。对已经学习过的知识，在学习情境2以后，讲述其区别所在，并用任务单的形式，实施引导式教学。

本书可作为高职高专建筑工程技术、工程造价、工程项目管理等专业的教学用书，也可供其他类型学校，如职工大学、函授大学、电视大学等相关专业选用，还可供有关的工程技术人员参考。

图书在版编目(CIP)数据

基础工程施工/李荣健主编. —天津：天津大学出版社，2016.2(2025.2重印)

ISBN 978-7-5618-5533-1

Ⅰ.①基… Ⅱ.①李… Ⅲ.①基础施工－高等职业教育－教材 Ⅳ.①TU753

中国版本图书馆CIP数据核字(2016)第024047号

出版发行 天津大学出版社
地　　址 天津市卫津路92号天津大学内(邮编:300072)
电　　话 发行部:022-27403647
网　　址 publish. tju. edu. cn
印　　刷 北京盛通数码印刷有限公司
经　　销 全国各地新华书店
开　　本 185mm×260mm
印　　张 12.75
字　　数 318千
版　　次 2020年1月第3版
印　　次 2025年2月第5次
定　　价 45.00元

编审委员会

总　序

“国家示范性高职院校重点建设专业精品规划教材(土建大类)”是根据教育部、财政部《关于实施国家示范性高等职业院校建设计划　加快高等职业教育改革与发展的意见》(教高〔2006〕14号)及《关于全面提高高等职业教育教学质量的若干意见》(教高〔2006〕16号)文件精神,为了适应我国当前高职高专教育发展形势以及社会对高技能应用型人才培养的需求,配合国家示范性高职院校的建设计划,在重构能力本位课程体系的基础上,以重庆工程职业技术学院为载体,开发了与专业人才培养方案捆绑、体现“工学结合”思想的系列教材。

本套教材由重庆工程职业技术学院建工学院组织,联合重庆建工集团、重庆建设教育协会和兄弟院校的一些行业专家组成教材编审委员会,共同研讨并参与教材大纲的编写和编写内容的审定工作,是集体智慧的结晶。该系列教材的特点是:与企业密切合作,制定了突出专业职业能力培养的课程标准;反映了行业新规范、新技术和新工艺;打破了传统学科体系教材编写模式,以工作过程为导向,系统设计课程内容,融“教、学、做”为一体,体现了高职教育“工学结合”的特点。

在充分考虑高技能应用型人才培养需求和发挥示范院校建设作用的基础上,编委会基于能力递进工作过程系统化理念构建了建筑工程技术专业课程体系。其具体内容如下。

1. 调研、论证、确定岗位及岗位群

通过毕业生岗位统计、企业需求调研、毕业生跟踪调查等方式,确定建筑工程技术专业的岗位和岗位群为施工员、安全员、质检员、档案员、监理员。其后续提升岗位为技术负责人、项目经理。

2. 典型工作任务分析

根据建筑工程技术专业岗位及岗位群的工作过程,分析工作过程中各岗位应完成的工作任务,采用“资讯、计划、决策、实施、检查、评价”六步骤工作法提炼出“识读建筑工程施工图(综合识图)”等43项典型工作任务。

3. 将典型工作任务归纳为行动领域

根据提炼出的43项典型工作任务,按照是否具有现实、未来以及基础性和范例性意义的原则,将43项典型工作任务直接或改造后归纳为“建筑工程施工图及安装工程图识读、绘制”等18个行动领域。

4. 将行动领域转换配置为学习领域课程

根据“将职业工作作为一个整体化的行动过程进行分析”和“资讯、计划、决策、实施、检查、评价”六步骤工作法的原则，构建“工作过程完整”的学习过程，将行动领域或改造后的行动领域转换配置为“建筑工程图识读与绘制”等18门学习领域课程。

5.构建专业框架教学计划

具体参见电子资源。

6.设计基础学习领域课程的教学情境

由课程建设小组与基础课程教师共同完成基础学习领域课程教学情境的设计。基于专业学习领域课程所需的理论知识和学生后续提升岗位所需知识来系统地设计教学情境，以满足学生可持续发展的需求。

7.设计专业学习领域课程的教学情境

根据专业学习领域课程的性质和培养目标，校企合作共同选择以图纸类型、材料、对象、分部工程、现象、问题、项目、任务、产品、设备、构件、场地等为载体，并考虑载体具有可替代性、范例性及实用性的特点，对每个学习领域课程的教学内容进行解构和重构，设计出专业学习领域课程的教学情境。

8.校企合作共同编写学习领域课程标准

重庆建工集团、重庆建设教育协会及一些企业和行业专家参与了课程体系的建设和学习领域课程标准的开发及审核工作。

在本套教材的编写过程中，编委会强调基于工作过程的理念进行编写，强调加强实践环节，强调教材用图统一，强调理论知识满足可持续发展的需要。采用了创建学习情境和编排任务的方式，充分满足学生“边学、边做、边互动”的教学需求，达到所学即所用的目的和效果。本套教材体系结构合理、编排新颖，而且满足了职业资格考核的要求，实现了理论实践一体化，实用性强，能满足学生完成典型工作任务所需的知识、能力和素质的要求。

追求卓越是本套教材的奋斗目标，为我国高等职业教育发展而勇于实践和大胆创新是编审委员会和作者团队共同努力的方向。在国家教育方针、政策引导下，在各位编审委员会成员和作者团队的共同努力下，在天津大学出版社的大力支持下，我们力求向社会奉献一套具有“创新性和示范性”的教材。我们衷心希望这套教材的出版能够推动高职院校的课程改革，为我国职业教育的发展贡献自己微薄的力量。

编审委员会

于重庆

再版前言

《基础工程施工》是高职高专土建大类教材编委会编写的建筑工程技术类课程规划教材之一。它主要培养学生独立分析和解决基础施工中问题的能力,对达到建筑工程技术类专业学生的培养目标起着关键性作用。

本书根据职业教育和建筑工程技术类专业的培养目标要求,参照最新的建筑标准和施工规范,在对岗位职业能力进行调查的基础上,确定岗位任务,分析工作过程,结合阶段性建筑产品特点,按照岗位职业能力要求,确定课程内容编写而成。该教材根据高职高专人才培养目标和工学结合人才培养模式以及专业教学改革的要求,利用所有编者多年的教学实践,采用“边学、边做、边互动”模式,实现所学即所用。

本书是集体智慧的结晶。“国家示范性高职院校重点建设专业规划教材(土建大类)”教材编写委员会、重庆建工集团、重庆建设教育协会等企业、行业、学校专家审定教材编写大纲,参与教材编写过程中的指导和研讨,由李荣健统稿、定稿并担任主编,副主编由徐小珊担任,由游普元教授担任主审。参与本教材编写的老师有重庆工程职业技术学院李荣健、徐小珊、麻文燕、刘燕。

学习情境1为独立基础的施工,主要内容包括独立基础底面积的确定、对山区地基及其他软弱地基的处理、独立基础施工图的识读及构造会审、独立基础人机料计划的编制、独立基础的定位放线、独立基础的钢筋施工、独立基础的模板施工、独立基础的混凝土施工、独立基础的质量及安全控制。

学习情境2为条形基础的施工,主要内容包括条形基础底面积的确定、对山区软弱地基及其他软弱地基的处理、条形基础施工图的识读及构造会审、条形基础人机料计划的编制、条形基础的定位放线、条形基础的钢筋施工、条形基础的模板施工、条形基础的混凝土施工、条形基础的质量及安全控制。

学习情境3为筏形基础的施工,主要内容包括筏形基础施工图的识读、筏形基础的构造会审、筏形基础人机料计划的编制、筏形基础的钢筋施工、筏形基础的模板施工、筏形基础的混凝土施工、筏形基础的质量及安全控制。

学习情境4为箱形基础的施工,主要内容包括箱形基础施工图的识读、箱形基础的构造会审、箱形基础的基坑降水与开挖、箱形基础的钢筋施工、箱形基础的模板施工、箱形基础的混凝土施工、箱形基础的质量及安全控制。

学习情境5为桩基础的施工,主要内容包括桩基础施工图的识读、桩基础的构造会审、桩基础人机料计划的编制、桩基础的抄平放线、预制桩的施工、人工挖孔桩的施工、机械成孔桩的施工、沉管成孔的施工、桩基础的混凝土施工、桩基础的质量及安全控制。

学习情境 1 和学习情境 2 由李荣健编写,学习情境 3 和学习情境 4 由徐小珊编写,学习情境 5 由麻文燕和刘燕编写。

本书在"学习目标"描述中所涉及的程度用语主要有"熟练""正确""基本"。"熟练"指能在规定的较短时间内无错误地完成任务;"正确"指在规定的时间内能无错误地完成任务;"基本"指在没有时间要求的情况下,不经过旁人提示,能无错误地完成任务。

承蒙重庆建工集团的龚文璞副总工、三建的茅苏惠部长及我院建筑专业教学指导委员会的全体委员审定和指导了教材编写大纲及编写内容,在此一并表示感谢。

为了帮助任课教师更好地备课,按照教学计划顺利完成教学任务,我们将对选用本教材的授课教师提供一套包括电子教案、课程标准、教学计划、教学课件,本门课程的电子习题库、电子模拟试卷等在内的完整的教学解决方案,从而为读者提供全方位、细致周到的教学资源增值服务。(索取教师服务资源库信息的电子信箱:ccshan2008@ sina. com)

由于是第一次系统化地基于工作过程并按照构件分类编写教材,难度较大,加之编者水平有限,缺点和错误在所难免,恳请专家和广大读者不吝赐教,批评指正,以便我们在今后的工作中不断改进和完善。

编者

2019 年 5 月

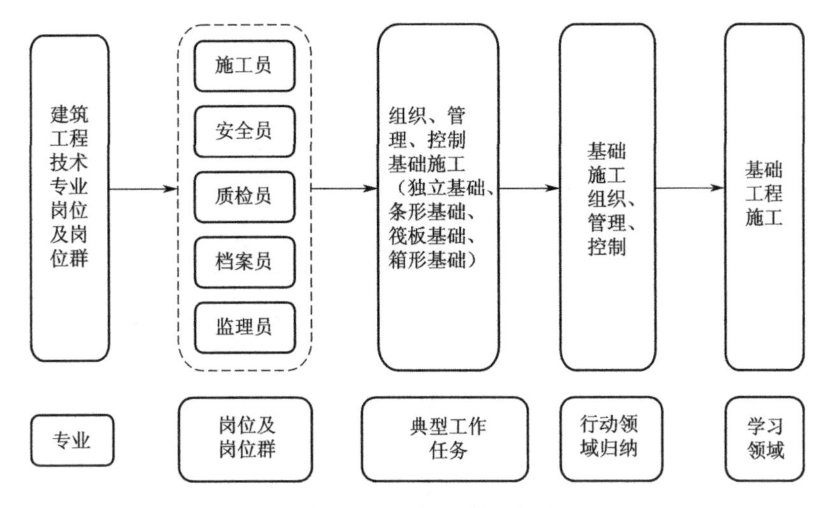

《基础工程施工》课程设计框图

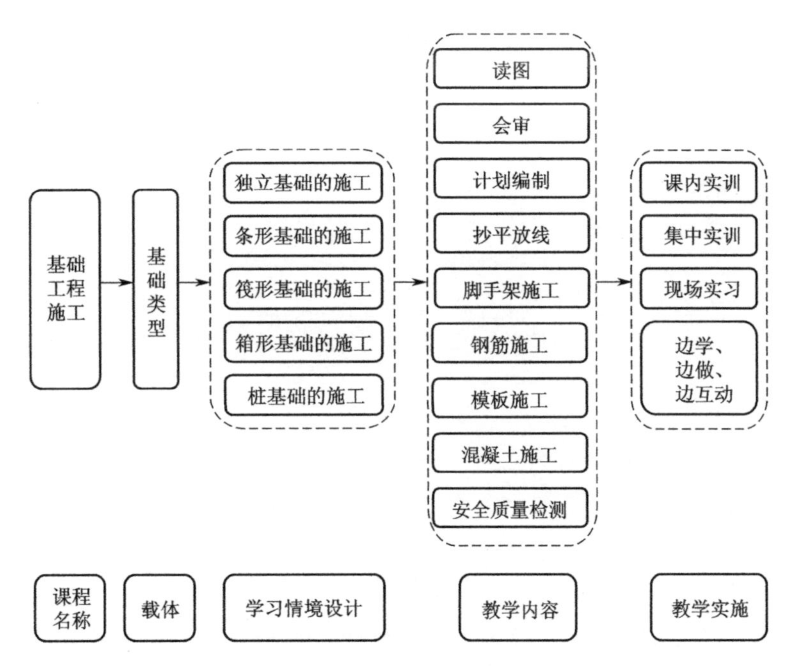

《基础工程施工》课程内容框图

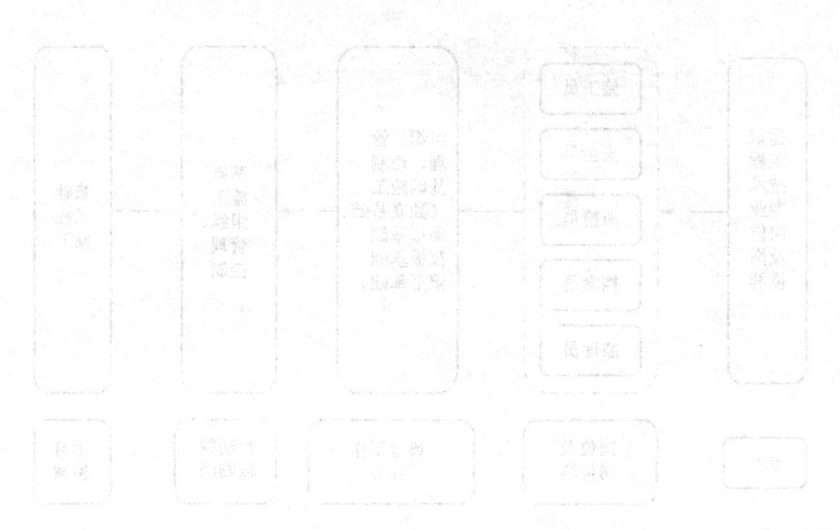

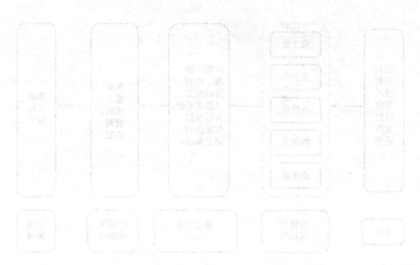

目 录

课程导入…………………………………………………………………………………… 1
学习情境1　独立基础的施工 ……………………………………………………………… 8
任务1　独立基础底面积的确定 ………………………………………………………… 9
1.1　基础的埋置深度与基础底面面积………………………………………………… 10
1.2　钢筋混凝土独立基础的高度……………………………………………………… 15
任务2　对山区地基及其他软弱地基的处理 ………………………………………… 17
2.1　软弱地基的特点…………………………………………………………………… 17
2.2　软弱地基的处理…………………………………………………………………… 18
2.3　软弱地基的处理方法……………………………………………………………… 19
任务3　独立基础施工图的识读及构造会审 ………………………………………… 20
3.1　独立基础施工图的组成…………………………………………………………… 20
3.2　钢筋混凝土独立基础构造要求…………………………………………………… 22
任务4　独立基础人机料计划的编制 ………………………………………………… 24
4.1　计划管理的特点…………………………………………………………………… 24
4.2　计划管理的内容…………………………………………………………………… 24
4.3　人机料计划的确定方法…………………………………………………………… 25
任务5　独立基础的定位放线 ………………………………………………………… 26
5.1　施工测量依据……………………………………………………………………… 26
5.2　控制点的布置及施测……………………………………………………………… 26
5.3　独立基础定位放线………………………………………………………………… 26
任务6　独立基础的钢筋施工 ………………………………………………………… 27
6.1　钢筋的进场验收…………………………………………………………………… 27
6.2　钢筋的见证取样…………………………………………………………………… 27
6.3　钢筋的贮存………………………………………………………………………… 28
6.4　钢筋的配料………………………………………………………………………… 28
6.5　钢筋的代换………………………………………………………………………… 32
6.6　地梁钢筋施工……………………………………………………………………… 34
任务7　独立基础的模板施工 ………………………………………………………… 37

7.1 模板施工工艺流程 …… 37
7.2 抄平、放线 …… 37
7.3 阶梯形独立基础模板的安装 …… 37
7.4 杯形独立基础模板的安装 …… 37
7.5 地梁模板的安装 …… 38
7.6 模板的拆除 …… 38
任务8 独立基础的混凝土施工 …… 39
8.1 材料的准备 …… 39
8.2 机具的准备 …… 39
8.3 技术条件准备 …… 39
8.4 混凝土的制备 …… 39
8.5 混凝土的运输 …… 40
8.6 混凝土的浇筑 …… 40
任务9 独立基础的质量及安全控制 …… 41
9.1 独立基础的质量控制 …… 41
9.2 钢筋混凝土独立基础施工安全控制 …… 44
学习情境2 条形基础的施工 …… 47
任务1 条形基础底面积的确定 …… 49
1.1 基础埋深及承载力的确定 …… 49
1.2 条形基础底面积的确定 …… 54
任务2 对山区软弱地基及其他软弱地基的处理 …… 60
2.1 灰土地基 …… 60
2.2 砂石地基 …… 64
任务3 条形基础施工图的识读及构造会审 …… 66
3.1 条形基础施工图识读 …… 66
3.2 条形基础的构造会审 …… 69
任务4 条形基础人机料计划的编制 …… 70
4.1 施工进度计划的制订 …… 70
4.2 人机料计划确定的步骤 …… 72
任务5 条形基础的定位放线 …… 73
5.1 结构构件放线 …… 73
5.2 建筑标高测设 …… 73
任务6 条形基础的钢筋施工 …… 73
6.1 钢筋加工制作 …… 73
6.2 钢筋绑扎 …… 74
6.3 钢筋连接 …… 75
任务7 条形基础的模板施工 …… 76

7.1 材料选择 …… 76
7.2 模板安装与拆除 …… 76
任务8 条形基础的混凝土施工 …… 78
8.1 混凝土施工的作业条件 …… 78
8.2 条形基础混凝土施工的技术要求 …… 78
任务9 条形基础的质量及安全控制 …… 79
9.1 条形基础的质量控制 …… 79
9.2 条形基础的安全控制 …… 81
学习情境3 筏形基础的施工 …… 85
任务1 筏形基础施工图的识读 …… 86
1.1 筏形基础平法施工图的表示方法 …… 86
1.2 梁板式筏形基础平板的平面注写 …… 87
1.3 平板式筏形基础平板的平面注写 …… 88
任务2 筏形基础的构造会审 …… 89
任务3 筏形基础人机料计划的编制 …… 90
3.1 施工进度计划概述 …… 90
3.2 施工进度计划的编制 …… 90
任务4 筏形基础的钢筋施工 …… 91
4.1 筏形基础钢筋施工的准备工作 …… 91
4.2 施工工艺和质量检查 …… 92
任务5 筏形基础的模板施工 …… 93
5.1 筏形基础模板施工的准备工作 …… 93
5.2 筏形基础模板施工工艺与质量控制 …… 95
任务6 筏形基础的混凝土施工 …… 98
6.1 大体积混凝土的概念及温度裂缝 …… 98
6.2 大体积混凝土的浇筑 …… 100
任务7 筏形基础的质量及安全控制 …… 102
学习情境4 箱形基础的施工 …… 105
任务1 箱形基础施工图的识读 …… 106
1.1 箱形基础平法施工图概述 …… 106
1.2 箱形基础构件的编号 …… 106
1.3 箱形基础板的平面注写形式 …… 107
1.4 箱形基础墙体的平面注写 …… 109
任务2 箱形基础的构造会审 …… 111
任务3 箱形基础的基坑降水与开挖 …… 113
3.1 集水坑排水 …… 113
3.2 井点降水 …… 113

3.3 基坑开挖 …… 116
任务4 箱形基础的钢筋施工 …… 119
4.1 箱形基础钢筋施工前的准备 …… 120
4.2 操作工艺 …… 121
4.3 质量要求 …… 122
任务5 箱形基础的模板施工 …… 125
5.1 组合钢模板 …… 125
5.2 模板设计 …… 135
5.3 现浇剪力墙大模板施工 …… 137
任务6 箱形基础的混凝土施工 …… 140
6.1 防水混凝土施工及质量控制 …… 141
6.2 箱形基础施工缝的处理 …… 144
任务7 箱形基础的质量及安全控制 …… 145
7.1 质量方面 …… 145
7.2 安全方面 …… 146
学习情境5 桩基础的施工 …… 150
任务1 桩基础施工图的阅读 …… 152
1.1 桩基承台的制图规则 …… 153
1.2 桩基承台编号 …… 153
1.3 独立承台的集中标注 …… 153
1.4 独立承台的原位标注 …… 154
任务2 桩基础的构造会审 …… 155
2.1 基桩的构造要求 …… 155
2.2 承台的构造要求 …… 156
任务3 桩基础人机料计划的编制 …… 157
3.1 工程概况 …… 157
3.2 基础设计概况 …… 157
3.3 基础施工特点 …… 158
3.4 劳动力和机具等需用量计划 …… 159
任务4 桩基础的抄平放线 …… 161
任务5 预制桩的施工 …… 162
任务6 人工挖孔桩的施工 …… 166
6.1 桩基施工时的安全措施 …… 166
6.2 桩基施工时的防护措施 …… 166
6.3 桩基施工时的加强措施 …… 167
6.4 人工挖孔灌注桩的施工 …… 168
任务7 机械成孔桩的施工 …… 169

7.1　干作业成孔施工工艺 …… 169
7.2　湿作业成孔施工工艺 …… 169
任务8　沉管成孔的施工 …… 175
8.1　沉管灌注桩的概念 …… 175
8.2　沉管灌注桩的施工工艺 …… 176
任务9　桩基础的混凝土施工 …… 178
9.1　水下混凝土的基本概念 …… 178
9.2　水下混凝土的浇筑方法 …… 179
任务10　桩基础的质量及安全控制 …… 180
10.1　桩基础的质量控制 …… 180
10.2　桩基础的安全控制 …… 182
参考文献 …… 187

课程导入

【学习目标】

知识目标	能力目标	权重
能正确表述基础的含义	能正确领悟基础施工的程序及工作过程	0.20
能正确表述基础的形式	能正确领悟基础的各种形式在建筑工程中的应用,并与所在院校的建筑物相联系	0.20
能基本正确地表述基础施工技术的发展趋势	能指出我国某些地标性建筑物所用的基础施工技术	0.15
能熟练表述本课程的性质与目标	能正确领悟本课程与其他课程间的衔接关系	0.15
能熟练表述本课程的学习方法和要求	能正确领悟各学习方法在本课程中的应用	0.15
能正确表述本课程的考核方法	能正确理解并适应本课程的考核办法	0.15
合　计		1.00

【教学准备】

准备10～20 min的教学录像,其内容主要是介绍基础施工图与建筑物的关系、基础施工的发展。

【教学方法建议】

集中讲授、小组讨论、观看录像、读图正误对比、拓展训练。

【建议学时】

2学时

1. 基础的含义

在建筑工程中把位于建筑物的最下部并且埋入地下直接作用于土层上的承重构件称为基础。基础工程是由模板、钢筋、混凝土等多个分项工程组成的,其主要构造形式有独立基础、条形基础、筏形基础、箱形基础和桩基础,其施工程序如图1所示。由于其施工程序多,因而要加强施工管理,统筹安排,合理组织,以保证质量、缩短工期和降低造价。

2. 基础的分类

基础的类型很多,划分方法也不尽相同。按基础的材料及受力情况划分,可分为刚性基础和柔性基础;按基础的构造形式划分,可分为独立基础、条形基础、筏形基础、箱形施工和桩基础。

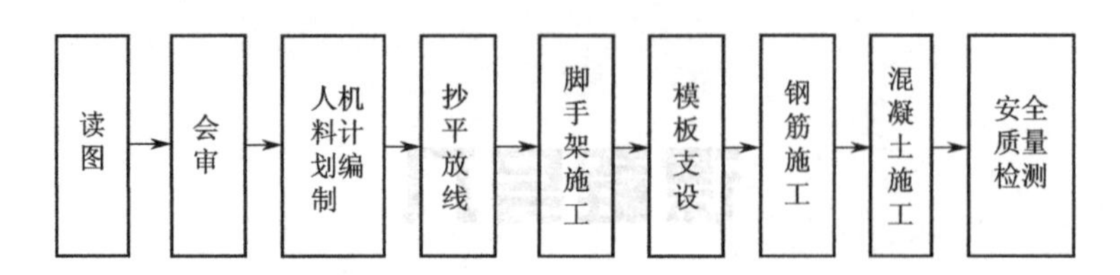

图1　钢筋混凝土基础工程施工程序的工作过程

1)独立基础

当建筑物为框架结构或单层排架结构承重且柱间距较大时,基础常采用方形或矩形的独立基础,如图2所示。独立基础常采用的断面形式有阶梯形、锥形、杯形等,其优点是可减少土方工程量,便于管道穿过,节约材料。但独立基础无构件连接,整体性较差,因此,适用于土质均匀、荷载均匀的框架结构建筑。当柱采用预制构件时,则基础做成杯口形,柱插入并嵌固在杯口内,故又称为杯形基础。

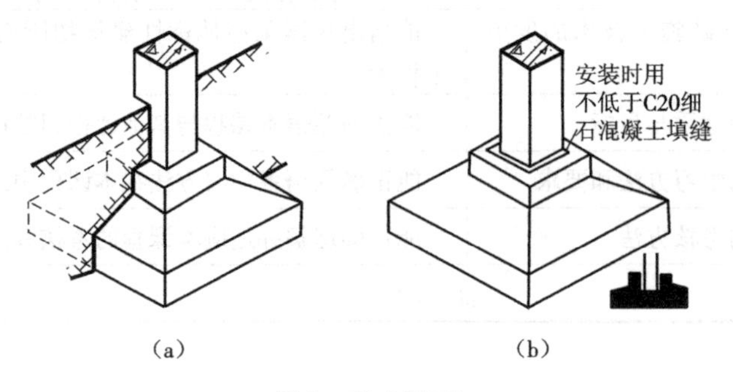

图2　独立基础

(a)现浇基础　(b)杯形基础

2)条形基础

当建筑物为砖或石墙承重时,承重墙下一般采用长条形基础。条形基础具有较好的纵向整体性,可减缓局部不均匀下沉。条形基础也称为带形基础,如图3所示。一般中、小型建筑常采用砖、混凝土、毛石或三合土等材料的无扩展条形基础。

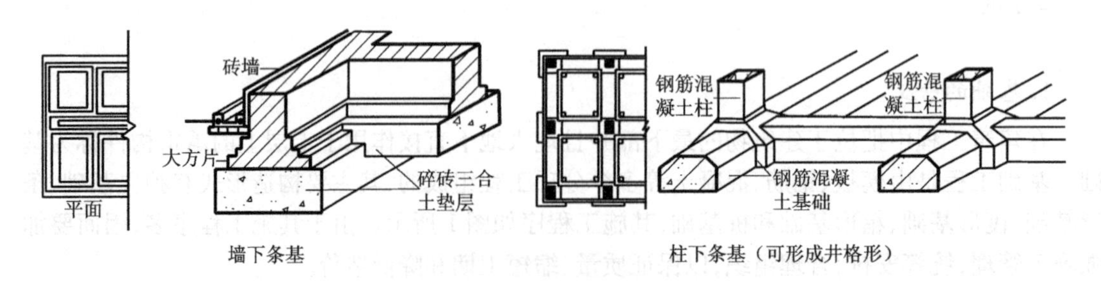

图3　条形基础

当建筑为框架结构柱承重时,若柱间距较小或地基较弱,也可采用柱下条形基础,即将柱下的基础连接在一起,使建筑物具有良好的整体性。柱下条形基础还可以有效地防止不均匀沉降。

3)筏形基础

当地基较弱或建筑物的上部荷载较大,采用简单条形基础或井格基础不能满足要求时,常将墙或柱下基础连成一片,使建筑物的荷载作用在一块整板上,这种基础即为筏形基础。筏形基础有梁板式和平板式两种,如图4所示,前者板的厚度较小,但增加了双向梁,构造较复杂,后者板的厚度大,构造简单。

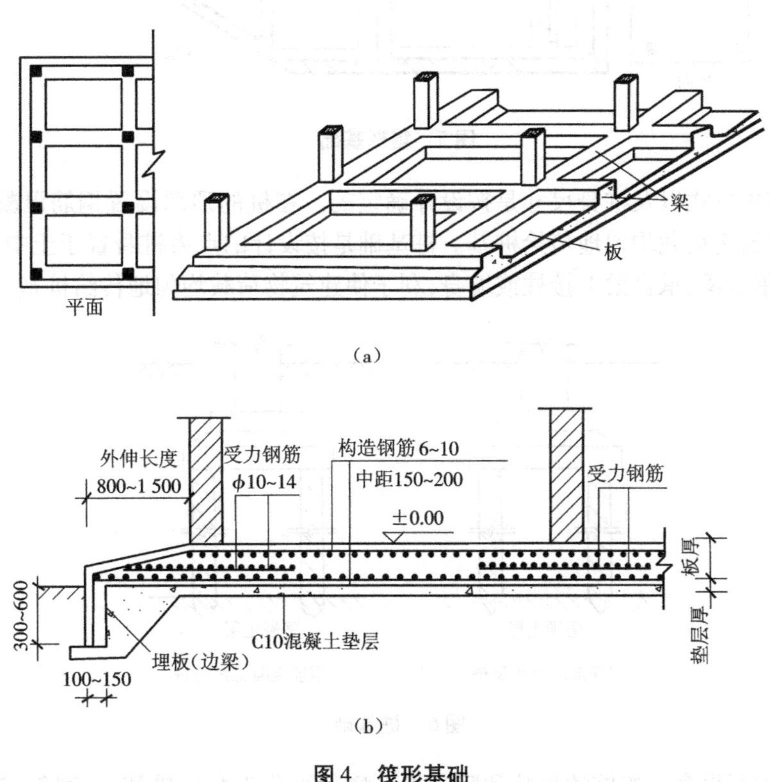

图4 筏形基础

(a)梁板式 (b)平板式

4)箱形基础

当地基条件较差,建筑物的荷载较大,或荷载分布不均匀而对沉降要求甚为严格时,可采用箱形基础,箱形基础是由底板、顶板、侧墙及一定数量的内墙构成的刚度较好的钢筋混凝土箱形结构,是高层建筑的一种较好的基础形式。箱形基础的内部空间可作为地下室的使用空间,如图5所示。

5)桩基础

在建筑工程中,当浅层地基不能满足建筑物对地基承载力和变形的要求,而且又不适宜采取地基处理措施时,就可以考虑以下部坚实土层或岩层作为持力层的深基础,其中桩基础应用最为广泛。桩基础具有承载力大、沉降量小、节省基础材料、减少土方工程量、机械化施工程度高和可缩短工期等优点。因此,是当前应用较为广泛的一种基础形式。

桩基础一般由设置于土中的桩身和承接上部结构的承台组成,如图6所示。承台下桩的

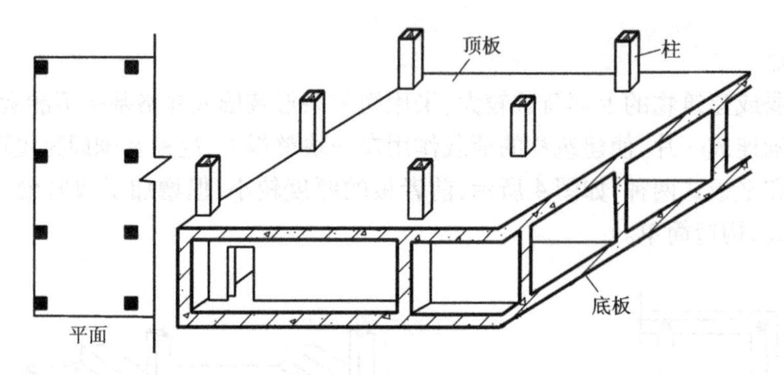

图5 箱形基础

数量、间距和布置方式以及桩身尺寸是按设计确定的。在桩的顶部设置钢筋混凝土承台支撑上部结构,使建筑物荷载均匀地传给桩基。桩基础是按设计的点将桩身置于土中,桩的上端灌注钢筋混凝土承台梁,承台梁上接柱或墙身,利于使建筑物荷载均匀地传给桩基。

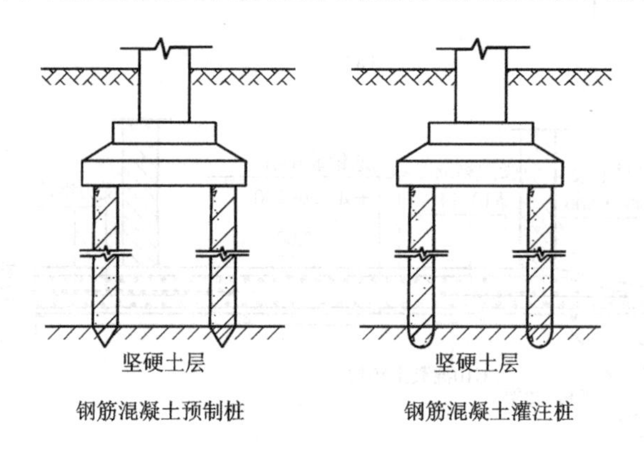

图6 桩基础

桩基础的类型很多。按桩的形状和竖向受力情况可分为摩擦桩和端承桩;按桩的施工特点可以分为打入桩、振入桩和钻孔灌注桩等;按材料可分为混凝土桩、钢筋混凝土桩和钢管桩;按桩的断面可以分为圆形、方形、筒形及六角形桩等;按桩的制作方法可以分为预制桩和灌注桩两类。目前,较多采用的是钢筋混凝土预制桩和灌注桩。

3. 基础工程施工技术的发展

近十年,随着我国高层建筑及重要桥梁深基坑施工技术的发展,大部分的设计人员、工程建设人员投入深基础的设计研究施工中来了。深基坑中大小事故时有发生,所以对基础工程研究中关于深基坑的研究及应用将越来越得到广大工程建设人员的重视。采用箱形基础和筏形基础,埋置深度大时需要开挖较深的基坑,一般都需要支护挡土或挡水结构,在计算理论方面,国内有很大的发展,利用计算机进行优化计算。地下连续墙工艺和"逆筑法"的联合也取得了喜人的成果,逐步积累了许多经验。还有在地下水位较高的地区,我国成功应用了一些降低地下水位的方法,如轻型井点、喷射井点法等,在一些特殊问题的处理上也取得了很大的突破，这都是发展过程中取得的进步。

基础要发展就要依靠技术、施工检测水平的不断创新，为了提高承载能力，国内外大量发展新桩型，以克服传统桩型的一些弊病，例如DX桩，它是中阔科技有限责任公司贺德新先生在总结了国内外桩基的基础上以新的理念于1998年研制开发出的专利技术，此桩可以充分利用桩身上下的好土层，在国内的一些高层建筑中使用。再如壁桩，在我国香港、台湾早有使用，后在天津等地也有使用，随着高层建筑的发展，壁桩将在我国获得更多的应用。但对于它的承载性状、设计方法和施工技术等急需进一步的研究。

计算机的普及带动各个行业的高速发展，基础工程在这方面也是在不断地探索，新兴的专业设计软件大大提高了建筑物设计工作者的工作效率，当然任何一款软件的实行背后都以长时间实验为基础，所以它的发展也是一个人们逐步见证的过程，这在古代是不可想象的高科技。

4. 学习领域的性质及目标

1）性质

基础施工是土建类专业的必修课。

2）前导课程

前导课程有建筑工程材料的检测与选择、建筑工程图的识读与绘制、建筑结构构造及计算、建筑工程测量、施工机具设备选型。

3）平行课程

平行课程有工程质量通病分析及预防、钢筋混凝土主体结构施工、特殊工程施工、钢结构工程施工。

4）后续课程及职业能力知识

后续课程包括装饰装修工程施工、工程质量通病分析及预防、建筑工程施工组织编制与实施。本课程包含施工员考试考核中的许多内容，如结构施工图的识读、钢筋下料长度计算、质量控制、安全检查等方面的内容。

5. 教学方法、考核方法

1）教学方法

建议采用多媒体教学，案例教学，任务式教学，到实训基地、施工现场等进行实境教学。

2）考核方法

建议采用形成性评价和总结性评价相结合的方法进行考核。形成性评价是指在教学过程中对学生的学习态度、作业、任务单完成情况进行的评价；在每一个学习情境中，建议学习态度占10分、书面作业占15分、任务单完成情况占15分、实际操作占30分，共70分。总结性评价是指在教学活动结束时，对学生整体技能情况的评价，占30分。其中各学习情境所占比值见表1。

表1 各学习情境在总结性评价中所占比值一览表

序号	学习任务	评价内容	评价比值
1	课程导入	评价学生对基础施工的认知程度	5
2	独立基础的施工	评价学生对独立基础底面积的确定、对山区地基及其他软弱地基的处理、独立基础施工图的识读及构造会审、独立基础人机料计划的编制、独立基础的定位放线、独立基础的钢筋施工、独立基础的模板施工、独立基础的混凝土施工、独立基础的质量及安全控制等的应用能力	25
3	条形基础的施工	评价学生对条形基础底面积的确定、对山区软弱地基及其他软弱地基的处理、条形基础施工图的识读及构造会审、条形基础人机料计划的编制、条形基础的定位放线、条形基础的钢筋施工、条形基础的模板施工、条形基础的混凝土施工、条形基础的质量及安全控制等的应用能力	25
4	筏形基础的施工	评价学生对筏形基础施工图的识读、筏形基础的构造会审、筏形基础人机料计划的编制、筏形基础的钢筋施工、筏形基础的模板施工、筏形基础的混凝土施工、筏形基础的质量及安全控制等的应用能力	15
5	箱形基础的施工	评价学生对箱形基础施工图的识读、箱形基础的构造会审、箱形基础的基坑降水与开挖、箱形基础的钢筋施工、箱形基础的模板施工、箱形基础的混凝土施工、箱形基础的质量及安全控制等的应用能力	15
6	桩基础的施工	评价学生对桩基础施工图的识读、桩基础的构造会审、桩基础人机料计划的编制、桩基础的抄平放线、预制桩的施工、人工挖孔桩的施工、机械成孔桩的施工、沉管成孔的施工、桩基础的混凝土施工、桩基础的质量及安全控制等的应用能力	15

6. 本课程的特点和学习方法

基础施工是一门综合性、时效性很强的专业课程，它综合运用建筑工程材料的检测与选择、建筑功能及建筑构造分析、建筑结构构造及计算、建筑工程测量、施工机具设备选型等课程的知识，应用国家颁发的现行建筑工程施工及验收规范和相关施工规程，来解决主体结构施工中的问题。

施工技术与生产实践联系非常紧密，生产实践是施工发展的源泉，而技术的发展日新月异，给主体施工提供了日益丰富的技术内容。因此本课程也是一门实践性很强的课程。由于技术发展迅速，本课程内容的综合性、实践性、时效性强，涉及的知识面广，学习中需勤动手、勤动脑、勤动口、勤查阅相关资料，重视课内实训、集中实训及协岗、定岗、顶岗实习等实践教学环节，实现“做中学、学中做、边做边学”，与学过的知识相联系，理论与实践相联系，培养学生的职业能力。

思 考 题

1. 请陈述基础工程的施工程序和施工顺序。

2. 查阅有关资料和报纸杂志，陈述全国有哪些重要或标志性建筑正在建设，其基础施工在技术上有什么特点。

学习情境1　独立基础的施工

【学习目标】

知识目标	能力目标	权重
了解钢筋混凝土独立基础的设计理论	能理解独立基础的底面积、埋置深度、基础高度确定的理论方法	0.05
能正确表述软弱地基的基本概念，掌握软弱地基处理的通用方法	具备判断软弱地基的理论知识，能根据现场实际情况选用软弱地基的处理方法	0.10
掌握独立基础结构施工图的识读方法，熟悉独立基础在结构上的基本构造要求	能基本识读独立基础的结构施工图，能熟练地将独立基础的基本构造要求运用到识图过程中，能编写读图纪要和图纸会审纪要	0.15
熟悉独立基础施工人机料计划提出的基本方法	能根据施工现场情况提出人机料计划	0.05
能熟练表述独立基础定位放线的基本原理和方法	能根据提供的施工图及教材教授的方法，熟练运用相关仪器和工具，将一些简单建筑物的独立基础放在平整好的场地上	0.15
能正确表述钢筋的进场验收步骤、独立基础钢筋翻样的基本方法以及其钢筋的制作、安装方法及相应的施工规范要求等	掌握钢筋进场验收的方法、内容和要求；根据施工图，对钢筋进行翻样并形成钢筋下料单；能正确指导操作人员进行各类构件的钢筋的制作、安装	0.15
能正确表述独立基础模板施工的特点、模板的配板过程、模板的施工方法及施工规范要求等	能正确选用独立基础模板的种类及规格，进行独立基础模板的配板设计，指导独立基础模板的施工（包括模板的定位、安装、检查）	0.15
能正确表述浇筑独立基础混凝土的施工方法及施工规范要求等	指导独立基础的泵送混凝土施工（包括泵站的选择、管道的支设、混凝土的浇筑、检查）	0.10
能正确表述独立基础施工质量的检查方法及质量控制过程，质量安全事故等级划分及处理程序，独立基础施工的安全技术措施，独立基础施工常见的质量事故及其原因	能在独立基础施工过程中正确进行安全控制、质量控制，分析并处理常见质量问题和安全事故；会使用各种检测仪器和工具	0.10
合　　计		1.0

【教学准备】

准备各工种(测量工、架子工、钢筋工、混凝土工等)的视频资料(各院校可自行拍摄或向相关出版机构购买),实训基地、水准仪、全站仪、钢管、模板、钢筋等实训场地、机具及材料。

【教学方法建议】

集中讲授、小组讨论方案、制订方案、观看视频、读图正误对比、下料长度计算、基地实训、现场观摩、拓展训练。

【建议学时】

8学时

独立基础是多层框架结构与排架结构常用的基础形式,相对于其他基础类型,设计和施工都较为简单,独立基础的设计和施工也是各种基础设计和施工的基础。根据上部结构的需要,独立基础可设计为杯口基础(图1.1)和台阶式整体基础(图1.2);杯口基础常适用于预制柱结构,台阶式整体基础多适用于现浇柱结构。

图1.1　杯口基础

图1.2　台阶式整体基础

注:在实际工程中,少部分砖混结构建筑也采用砖砌独立基础,由于运用较少,本书不再叙述砖砌独立基础的设计和施工工艺。

下面就工程实践中常用的钢筋混凝土独立基础的设计和施工给大家做一个简单的介绍。

任务1　独立基础底面积的确定

柱下独立基础的设计,一般先由地基承载能力确定基础底面尺寸,然后再进行基础截面的设计验算。基础截面设计验算的主要内容包括基础截面的抗冲切验算和纵、横方向的抗弯验算,并由此确定基础的高度和底板纵、横方向的配筋量。

1.1　基础的埋置深度与基础底面面积

1.1.1　概述

基础的埋置深度主要依据地基土层的分布情况、当地的气候状况、建筑物的特定要求来确定。但是对于独立基础，不同基础可以采用不同的埋置深度，因此会形成不同基础之间的高差。如果地基土层属于开挖相对容易的土层，可以按照相邻基础高差的处理原则进行处理，但如果基础坐落于坚硬的岩石上，则会加大施工难度。此时采取的办法经常是对于不同的基础，在施工中分别达到设计标高或岩层，如果相邻基础高差不满足要求——较高基础的边缘至较低基础基坑边缘的距离小于基础高差时，较低基础的基坑可以采用毛石混凝土回填(C20 混凝土，400 mm 粒径毛石)至较高基础的底面。

基础底面面积则根据基础底面荷载、地基强度、基础埋深、沉降控制要求等指标共同确定。

1.1.2　基础埋置深度的构造要求

影响钢筋混凝土独立基础埋置深度的主要因素除了前面提到的内容外，《建筑地基基础设计规范》(GB 50007—2011)提到的相关构造要求也是在设计时必须要考虑的。这部分内容将在下一学习情境中详细介绍。

1.1.3　基础底面积的确定

1. 地基承载力特征值的修正

地基承载力一般由地勘报告获得，但是在进行实际设计时需要进行修正。

(1)当基础宽度大于 3 m 或者埋置深度大于 0.5 m 时，从荷载试验或以其他原位测试、经验值等方法确定的地基承载力特征值，应按照式(1.1)修正：

$$f_a = f_{ak} + \eta_b \gamma (b-3) + \eta_d \gamma_m (d-0.5) \tag{1.1}$$

式中　f_a——修正后的地基承载力特征值；

f_{ak}——地基承载力特征值；

η_b、η_d——基础宽度和埋深的地基承载力修正系数，按基底下土的类别查表 1.1；

γ——基础底面以下土的重度，地下水位以下取浮重度；

b——基础底面宽度(m)，小于 3 m 时，按 3 m 取值，大于 6 m 时，按 6 m 取值；

γ_m——基础底面以上土的加权平均重度，地下水位以下取浮重度；

d——基础埋置深度(m)，一般自室外底面标高算起。

表 1.1　地基承载力修正系数(GB 50007—2011)

土的类别	η_b	η_d
淤泥和淤泥质土	0	1.0

续表

土的类别		η_b	η_d
人工填土，e 或 $I_L \geqslant 0.85$ 的黏性土		0	1.0
红黏土	含水比 $a_w > 0.8$	0	1.2
	含水比 $a_w \leqslant 0.8$	0.15	1.4
大面积压实填土	压实系数大于0.95、黏粒含量 $\rho_c \geqslant 10\%$ 的粉土	0	1.5
	最大干密度大于2 100 kg/m^3 的级配砂石	0	2.0
粉土	黏粒含量 $\rho_c \geqslant 10\%$ 的粉土	0.3	1.5
	黏粒含量 $\rho_c < 10\%$ 的粉土	0.5	2.0
e 或 $I_L < 0.85$ 的黏性土		0.3	1.6
粉砂、细砂（不包括很湿与饱和的稍密状态）		2.0	3.0
中砂、粗砂、砾砂和碎石土		3.0	4.4

注：①强风化和全风化的岩石，可参照所风化成的相应土类取值，其他状态下的岩石不修正；

②地基承载力特征值按GB 50007—2011附录D深层平板载荷试验确定时 η_d 取0；

③含水比是指土的天然含水量与液限的比值；

④大面积压实填土是指填土范围大于两倍基础宽度的填土。

对于基础埋置深度，在填方整平区，可自填土地面标高算起，但填土在上部结构施工后完成时，应从天然地面标高算起。对于地下室，如采用箱形基础或筏形基础时，基础埋置深度自室外地面标高算起；当采用独立基础或条形基础时，应从室内地面标高算起。

（2）按强度理论公式计算地基承载力。当偏心距 $e \leqslant 0.033$ 倍基础底面宽度时，根据土的抗剪强度指标确定地基承载力可按下式计算，并应满足变形要求：

$$f_a = M_b \gamma b + M_d \gamma_m d + M_c c_k \tag{1.2}$$

式中　f_a——由土的抗剪强度指标确定的地基承载力特征值；

M_b、M_d、M_c——承载力系数，按表1.2确定；

b——基础底面宽度，大于6 m时，按6 m计，对于砂土，小于3 m时，按3 m计；

c_k——基底下1倍基宽深度内土的黏聚力标准值。

表1.2　承载力系数 M_b、M_d、M_c

土的内摩擦角标准值 φ_k/(°)	M_b	M_d	M_c
0	0	1.00	3.14
2	0.03	1.12	3.32
4	0.06	1.25	3.51
6	0.10	1.39	3.71

续表

土的内摩擦角标准值 φ_k/(°)	M_b	M_d	M_c
8	0.14	1.55	3.93
10	0.18	1.73	4.17
12	0.23	1.94	4.42
14	0.29	2.17	4.69
16	0.36	2.43	5.00
18	0.43	2.72	5.31
20	0.51	3.06	5.66
22	0.61	3.44	6.04
24	0.80	3.87	6.45
26	1.10	4.37	6.90
28	1.40	4.93	7.40
30	1.90	5.59	7.95
32	2.60	6.35	8.55
34	3.40	7.21	9.22
36	4.20	8.25	9.97
38	5.00	9.44	10.80
40	5.80	10.84	11.73

注：φ_k为土的内摩擦角标准值，是指基底下1倍短边宽深度内土的内摩擦角标准值。

该公式是根据现行规范的相关要求进行了修正，而且根据现场实际情况考虑了地基反力分布的不均匀性，特进行了偏心距的限制。同时由于该公式没有考虑变形，所以采用该公式计算强度时尚应验算地基变形。

(3)岩石地基承载力特征值的确定。对于完整、较完整和较破碎的岩石地基承载力特征值，可根据室内饱和单轴抗压强度按下式计算：

$$f_a = \psi_r f_{rk} \tag{1.3}$$

式中 f_a——岩石地基承载力特征值(kPa)；

f_{rk}——岩石饱和单轴抗压强度标准值(kPa)，可按《建筑地基基础设计规范》(GB 50007—2011)附录J确定；

ψ_r——折减系数，根据岩体完整程度以及结构面的间距、宽度、产状和组合，由地方经验确定，无经验时，对完整岩体可取0.5，对较完整岩体可取0.2~0.5，对较破碎岩体可取0.1~0.2。

注：上述折减系数未考虑施工因素及建筑物使用后风化作用的影响；对于黏土质岩，在确

保施工期及使用期不致遭水浸泡时，也可采用天然湿度的试样，不进行饱和处理。

对于破碎、极破碎的岩石地基承载力特征值，可根据地区经验取值；无地区经验时，可根据平板荷载试验确定，岩石地基承载力不进行宽度修正。

2. 轴心荷载作用下基础底面尺寸的确定

根据基础压力为直线分布的假设，可知在轴心荷载作用下基底压力为均匀分布，其值按下式计算：

$$p_k = \frac{F_k + G_k}{A} \tag{1.4}$$

式中　p_k——基底压力标准值；

F_k——相应于荷载效应标准组合时，上部结构传至基础顶面的竖向力值(kN)；

G_k——基础自重和基础上的土重（$G_k = \gamma_G AD$，其中，γ_G 为基础及台阶上回填土平均重度，一般取 20 kN/m^3，D 为室内外地面到基础底面的平均距离，单位是 m）；

A——基础底面面积（$A = b \cdot l$，单位是 m^2，其中，b 为基础底面短边长度，l 为基础底面长边长度）。

《建筑地基基础设计规范》(GB 50007—2011)规定，轴心荷载下地基承载力必须满足下式要求：

$$p_k \leqslant f_a \tag{1.5}$$

也即

$$p_k = \frac{F_k + G_k}{A} = \frac{F_k + \gamma_G AD}{A} \tag{1.6}$$

由式(1.5)和式(1.6)可以推出

$$\frac{F_k + \gamma_G AD}{A} \leqslant f_k \tag{1.7}$$

$$A \geqslant \frac{F_k}{f_k - \gamma_G D} \tag{1.8}$$

那么对于方形独立基础

$$b = l \geqslant \sqrt{\frac{F_k}{f_k - \gamma_G D}} \tag{1.9}$$

对于矩形基础

$$b \cdot l \geqslant \frac{F_k}{f_k - \gamma_G D} \tag{1.10}$$

3. 偏心荷载作用下基础底面尺寸的确定

由于存在着对基础底面中心弯矩的作用，基础底面各处基底压力不均匀，其最大与最小值按下式计算：

当偏心距 $e \leqslant b/6$ 时，

$$p_{\mathrm{kmax}}=\frac{F_{\mathrm{k}}+G_{\mathrm{k}}}{A}+\frac{M_{x\mathrm{k}}}{W_x}+\frac{M_{y\mathrm{k}}}{W_y}=\frac{F_{\mathrm{k}}+G_{\mathrm{k}}}{bl}+\frac{6M_{x\mathrm{k}}}{bl^2}+\frac{6M_{y\mathrm{k}}}{b^2l}\tag{1.11}$$

$$p_{\mathrm{kmin}}=\frac{F_{\mathrm{k}}+G_{\mathrm{k}}}{A}-\frac{M_{x\mathrm{k}}}{W_x}-\frac{M_{y\mathrm{k}}}{W_y}=\frac{F_{\mathrm{k}}+G_{\mathrm{k}}}{bl}-\frac{6M_{x\mathrm{k}}}{bl^2}-\frac{6M_{y\mathrm{k}}}{b^2l}\tag{1.12}$$

当偏心距 $e>l/6$ 时，

$$p_{\mathrm{kmax}}=\frac{2(F_{\mathrm{k}}+G_{\mathrm{k}})}{3ba}\tag{1.13}$$

式中 $M_{x\mathrm{k}}$、$M_{y\mathrm{k}}$——相应于荷载效应标准组合时，分别作用于基础底面 x、y 对称轴的力矩值；

W_x、W_y——基础底面对 x、y 轴的抵抗矩；

p_{kmax}、p_{kmin}——相应于荷载效应标准组合时，基础底面边缘的最大、最小压力值，如图 1.3 所示；

b——垂直于力矩作用方向的基础底面边长；

l——偏心方向基础底面边长；

a——合力作用点至基础底面最大压力边缘的距离，$a=l/2-e$。

基底压力应按式(1.14)和式(1.15)验算：

$$p_{\mathrm{kmax}}\leqslant 1.2f_{\mathrm{a}}\tag{1.14}$$

$$p_{\mathrm{kmin}}\geqslant 0\tag{1.15}$$

上两式保证基础底面不出现拉应力(偏心距不小于 $l/6$)，如图 1.3 和图 1.4 所示。设计时，原则上应保证满足。只有在个别荷载组合或低压缩性土情况下才可适当放宽，但偏心距仍不宜大于 $l/4$。

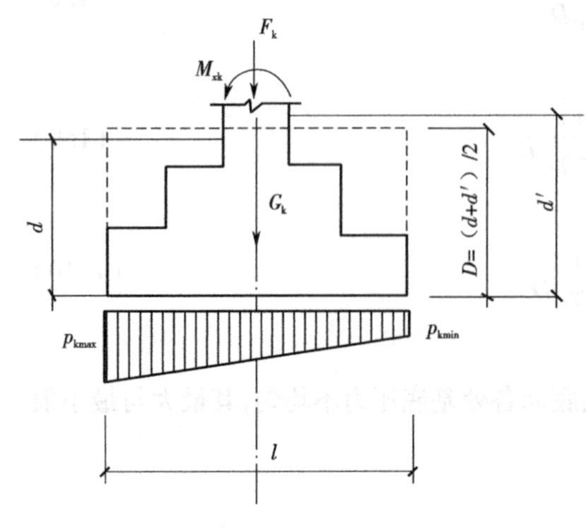

图 1.3 内力示意

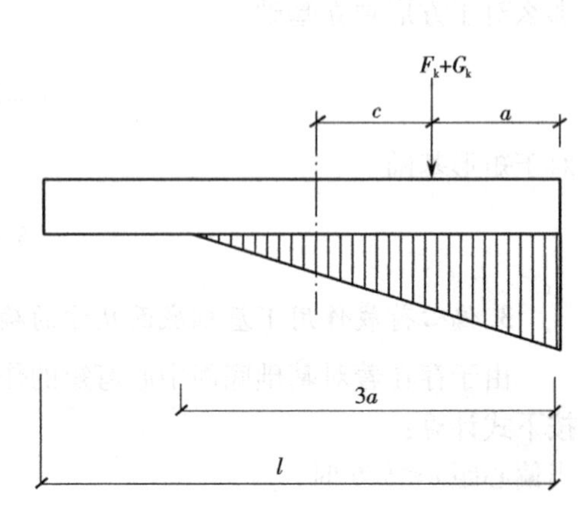

图 1.4 偏心荷载下基底压力计算示意

基底尺寸计算可采用两种方法：一种是试算法，一种是解析法。在这里就试算法进行简单的讲解。解析法将在条形基础底面积的确定中进行讲解。

试算法：先按照轴心荷载作用下的公式，初步估计基础底面积 A_0，再考虑偏心的不利影响，可加大基底面积10%～40%。偏心小时可取较小值，偏心大时取较大值，即暂取 $A=(1.1\sim1.4)A_0$；然后取一个长宽比 $n=l/b$，由 $b\cdot l=b^2n=A$，求出 b 和 $l=A/b$；最后用式验算。若不满足，则应调整尺寸，再验算。如此反复，直到验算满足要求为止。调整时，应考虑基底尺寸的经济性。

1.2　钢筋混凝土独立基础的高度

1.2.1　钢筋混凝土独立基础冲切验算

基础高度应满足两个要求：构造要求与混凝土受冲切承载力的要求。构造要求是《建筑地基基础设计规范》(GB 50007—2011)的基本要求。而所谓冲切，与刚性基础的刚性角类似，是指柱与基础交接处，由于柱的轴向力向混凝土内扩散所形成的对于混凝土的冲切。

试验结果表明，当基础高度(或变阶处高度)不够时，柱传给基础的荷载将使基础发生冲切破坏，即沿柱边大致成45°方向的截面被拉开而形成角锥体破坏(图1.5(a))。为了防止冲切破坏，必须使冲切面外的地基反力所产生的冲切力小于或等于冲切面处混凝土的受冲切承载力。

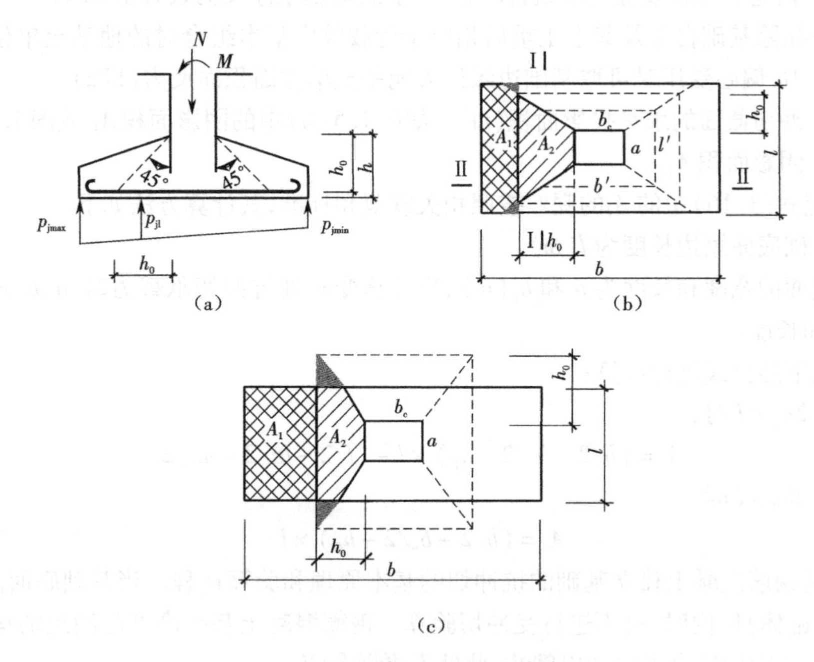

图1.5　独立基础抗冲切计算简图

(a)基础剖面　(b)$a+2h_0<l$　(c)$a+2h_0>l$

设计时可先假设一个基础高度 h,然后按下列组合公式验算抗冲切能力(下式中的符号与图 1.5 中的符号相对应):

$$\left.\begin{aligned} F_l &\leqslant 0.7\beta_{hp}f_t a_m h_0 \\ a_m &= (a_t + a_b)/2 \\ F_l &= p_j A_l \end{aligned}\right\} \tag{1.16}$$

式中 β_{hp}——受冲切承载力截面高度影响系数,当 $h \leqslant 800$ mm 时,取 1.0,当 $h > 2\,000$ mm 时,取 0.9,中间值按线性内插法取值;

f_t——混凝土抗拉强度设计值(kPa);

h_0——基础冲切破坏锥体的有效高度(m);

a_m——基础冲切破坏锥体最不利一侧的计算长度(m);

a_t——基础冲切破坏锥体最不利一侧斜截面的上边长,在验算柱与基础交接处的抗冲切能力时,取柱子宽度 a,在验算柱子与基础变阶处的抗冲切能力时,取上台阶宽度;

a_b——基础冲切破坏锥体最不利一侧斜截面在基础底面积范围内的下边长,当冲切破坏锥体的底面落在基础底面以内时(图 1.5(b)),计算柱与基础交接处的受冲切承载力时,a_b取柱子宽 a 加两倍基础的有效高度 h_0,计算基础变阶处的受冲切承载力时,a_b取上台阶宽度加该处的两倍基础有效高度,当冲切破坏锥体的底面在 l 方向落在基础底面以外时(图 1.5(c)),即 $a + 2h_0 > l$,此时 $ab = l$;

F_l——相应于荷载效应基本组合时在 A_1 上的地基土净反力设计值(kN);

p_j——扣除基础自重及其上土重后相应于荷载效应基本组合时的地基土单位面积净反力,偏心受压时可取基础边缘最大地基土单位面积净反力(kPa);

A_l——冲切截面的水平投影面积(m^2),如图 1.5(b) 中的阴影面积 A_1 或图 1.5(c) 中的阴影面积 A_1。

如何确定式(1.16)中的 A_l的呢? 按照相关规范和标准,其计算方法如下。

(1)设基础底面短边长度为 l(m)。

(2)柱截面的宽度和长度为 a 和 b_c(m),当计算变阶处抗冲切承载力时,a、b_c分别取相应台阶的宽度和长度。

(3)按照下述公式进行计算:

①当 $a + 2h_0 < l$ 时,

$$A_l = (b/2 - b_c/2 - h_0) \times l - (l/2 - la/2 - h_0)2 \tag{1.17}$$

②当 $a + 2h_0 > l$ 时,

$$A_l = (b/2 - b_c/2 - h_0) \times l \tag{1.18}$$

以上即是钢筋混凝土独立基础的抗冲切的基本原理和验算过程。当基础底面落在 45°线(即冲切破坏锥体)以内时,可不进行受冲切验算。钢筋混凝土基础高度应满足的构造要求将在独立基础施工图构造会审中加以阐述,此处不再做介绍。

任务2　对山区地基及其他软弱地基的处理

2.1　软弱地基的特点

软弱地基系指主要由淤泥、淤泥质土、冲填土、杂填土或其他高压缩性土层构成的地基。当地基压缩层主要由淤泥、淤泥质土、冲填土、杂填土或其他高压缩性土层构成时应按软弱地基进行设计。在建筑地基的局部范围内有高压缩性土层时，亦应按局部软弱土层考虑。以下就这些软弱地基的特性做一个简单的介绍。

2.1.1　淤泥及淤泥质土

淤泥及淤泥质土是在净水或缓慢流水环境中沉积、经生物化学作用形成、天然含水量高、承载力(抗剪强度)低、软塑到流塑状态的饱和黏性土。其含水量一般大于液限(40%～90%)；天然孔隙比一般大于1.0。当土由生物化学作用形成，并含有机质，其天然孔隙比大于1.5时为淤泥；天然孔隙比小于1.5而大于1.0时称为淤泥质土，淤泥和淤泥质土总称软(黏)土。软(黏)土广泛分布在我国沿海地区，如天津、上海、杭州、宁波、温州、福州、厦门、广州等地区及内陆、湖泊、平原地区。其工程特性主要是具有触变性、高压缩性、低透水性、不均匀性以及流变性等。在荷载作用下，这种地基承载能力低，地基沉降变形大，不均匀沉降也大，而且沉降稳定时间比较长。

2.1.2　冲填土

冲填土是由水力冲填泥砂沉积形成的填土。常见于沿海地带和江河两岸。冲填土的特性与其颗粒组成有关，此类土含水量较大，压缩性较高，强度低，具有软土性质。其工程性质随土的颗粒组成、均匀性和排水固结条件不同而异，当含砂量较多时，其性质基本上和粉细砂相同或类似，不属于软弱土；当黏土颗粒含量较多时，往往欠固结，其强度和压缩性指标都比天然沉积土差，应进行地基处理。

2.1.3　杂填土

杂填土系含有大量建筑垃圾、工业废料及生活垃圾等杂物的填土，常见于一些较古老城市和工矿区。它的成因没有规律，成分复杂，分布极不均匀，厚度变化大，有机质含量较多，性质也不相同，且无规律性。它的主要特性是土质结构比较松散，均匀性差，变形大，承载力低，压缩性高，有浸水湿陷性，就是在同一建筑物场地的不同位置，地基承载力和压缩性也有较大的差异，一般需要处理才能作为建筑物地基。对有机质含量较多的生活垃圾和对基础有侵蚀性的工业废料等杂填土地基，未经处理，不宜作为持力层。

2.1.4 其他高压缩性土

饱和松散粉细砂(含部分粉质黏土),亦属于软弱地基的范畴。当受到机械振动和地震荷载重复作用时,将产生液化现象;基坑开挖时会产生流砂或管涌,再由于建筑物的荷重及地下水的下降,也会促使砂土下沉。其他特殊土如湿陷性黄土、膨胀土、盐渍土、红黏土以及季节性冻土等特殊土的不良地基现象,亦属于需要地基处理的软弱地基范畴。

2.2 软弱地基的处理

2.2.1 概述

软土地基是一种不良地基。由于软土具有强度较低、压缩性较高和透水性很小等特性,因此在软土地基上修建建筑物,必须重视地基的变形和稳定问题。在软弱土地基上的建筑物往往会出现地基强度和变形不能满足设计要求的问题,因而常常需要采取措施,进行地基处理。处理的目的是要提高软土地基的强度,保证地基的稳定。软土地基处理的目的是增加地基稳定性,减少施工后的不均匀沉陷,所以施工技术人员必须意识到软土地基的危害性,坚持以数据说话,认真测定基底的承载力,并根据不同的地质情况,不同的投资和工期要求,采用切实可行的处理方案。

2.2.2 软弱地基处理的依据

(1)结构条件:建筑物的体形、刚度、结构受力体系,建筑材料的使用要求、分布和种类;基础类型、布置和埋深;基底压力、天然地基承载力、稳定安全系数和变形允许值。

(2)地基条件:地形及地质成因、地基成层状况,软弱土层厚度、不均匀性和分布范围,持力层位置状况,地下水情况及地基土的物理和力学性质。各种软弱地基的形状是不同的,现场地质条件也是多变的,即使同一种土质条件,也可能有多种地基处理方案。

(3)环境影响:在地基处理施工中应考虑对场地的影响。如采用强夯法和砂桩挤密法等施工时,振动和噪声对邻近建筑物和居民产生影响和干扰;采用堆载预压法时,将会有大量土方运进输出,既要有堆放场地,又不能妨碍交通;采用石灰桩或灌注浆时,有时会污染周围环境。总之,施工时对场地的环境影响不是绝对的,应慎重对待,妥善处理。

(4)用地条件:如施工时占地较多,施工虽较方便,但有时却会影响工程造价。

(5)工期:从施工观点看,工期不宜太紧,这样可有条件选择施工方法,从而使其在施工期间的地基稳定性增大。但有时工程要求缩短工期,早日完工投产使用,这样就限制了某些地基处理方法的采用。

(6)工程用料尽可能就地取材,如当地产矿,就应考虑采用矿垫层或砂桩挤密法等方案的可能性;如石料供应,就应考虑采用碎石桩或碎石垫层等方案。其他条件如施工机械的有无、施工难易程度、施工管理质量控制、管理水平和工程造价等也是采用何种地基处理方案的决定因素。

总之,地基处理方案的确定应收集详细的工程地质、水文地质及地基基础的设计资料。根据结构类型、荷载大小及使用要求,结合地形地貌、地层结构、土质条件、地下水特征、周围环境和相邻建筑物等因素,初步选定几种地基处理方案。另外,在选择地基处理方案时,应同时考虑上部结构、基础和地基的共同作用;也可选用加强结构措施和处理地基相结合的方案。对初步选定的各种地基处理方案,分别从处理效果、材料来源及消耗、机具条件、施工进度、环境影响等方面进行认真的技术经济分析和对比,根据安全可靠、施工方便、经济合理等原则,选择最佳的处理方法。

2.2.3　软弱地基处理方法的分类

地基处理方法的分类:按时间可分为临时处理和永久处理;按处理深度可分为浅层处理和深层处理;按土层对象可分为砂性土处理和黏性土处理、饱和土处理和非饱和土处理;也可按照地基处理的作用机理分为排水固结处理,挤密、压密处理,置换及拌入处理,加筋处理等。各种处理方法在使用时必须注意其适用范围。

地基处理的基本方法,无非是置换、夯实、挤密、排水、胶结、加筋和热学等方法。值得注意的是,很多地基处理方法的效果。如碎石桩具有置换、挤密、排水和加筋的多重作用;石灰桩又挤密又吸水,吸水后又进一步挤密等,因而一种处理方法可能具有多种处理效果。

2.3　软弱地基的处理方法

(1)直接利用软弱土层作为建筑物地基时,一般应按以下要求进行处理:软弱土层为淤泥和淤泥质土时,应充分利用其上覆较好土层作为持力层;若软弱土层为冲填土、建筑淤泥和性能稳定的工业废料,并且均匀性和密实性较好时,均可作为持力层。对于有机质含量较多的生活垃圾和对基础有侵蚀性的工业废料等杂填土,未经处理不宜作为持力层。

(2)局部软弱土层及暗沟、暗塘的处理,可采用基础加深、基础梁跨越、换土垫层或桩基等方法。

(3)当地基承载力和变形不能满足设计要求时,地基处理可选用机械压(夯)实、换土垫层、堆载预压、砂井真空预压等方法或采用砂桩、碎石桩、灰土桩、水泥旋喷或深层搅拌形成的水泥土桩以及桩基等。

(4)处在地下水位以上,由建筑淤泥或工业废料组成的杂填土地基,可采用机械压(夯)实方法进行处理。其中重锤夯实的有效夯实深度可达 1.2 m 左右;若采用强夯,则有效夯实深度应经试验确定;当需要大面积回填夯实时,可采用机械分层回填碾压方法;处理含少量黏性土的建筑淤泥、工业废料和炉灰填土地基时,可采用振动压实的方法。当震实机自重 2 t,振动作用力 100 kN 时,有效夯实深度可达 1.2~1.5 m。

(5)处理较厚淤泥和淤泥质土地基时,可用堆载预压、砂井堆载预压或砂井真空预压。采用堆载预压时,预压荷载宜略大于设计荷载,预压时间应根据建筑物要求以及地基固结情况决定,同时应注意堆载大小和速率对周围建筑物的影响。

(6)采用砂井堆载预压或砂井真空预压时,应在砂井顶部做排水砂垫层。用砂桩、碎石桩、灰土桩、水泥旋喷或深层搅拌桩处理软弱地基时,桩的设计参数宜通过试验确定。施工时,表层土如有隆起或松动,应予以挖除或压实。对地基承载力、变形或稳定性要求较高的建筑物,若用桩基,则桩尖宜打入压缩性低的土层中。若仅需处理软弱地基的浅层,可采用换土垫层法。

任务3　独立基础施工图的识读及构造会审

3.1　独立基础施工图的组成

独立基础施工图主要反映建筑物室内地面以下基础部分的基础类型、平面布置尺寸、尺寸大小、材料及详细构造要求等。

独立基础施工图是建筑物地下部分承重结构的施工图,包括基础平面图、基础详图及必要的设计说明。基础施工图是施工放线、开挖基坑(基槽)、基础施工、计算基础工程量的依据。

3.1.1　独立基础平面图的阅读

(1)基础平面图的产生。假想用一个水平剖切平面沿建筑底层地面以下剖切建筑,将剖切平面以上的部分去掉,并移去回填土所得到的水平投影图,称为基础平面图(图1.6)。

(2)基础平面图的比例一般与建筑平面图的比例相同,一般采用1:100或1:150。

(3)基础平面图的定位轴线须与建筑平面图的定位轴线相同,若还有新的定位轴线应编制为附加轴线,并确定主轴线、附加轴线的位置关系。

(4)基础平面图中定形尺寸包括基础墙宽度、基础底面尺寸等,可直接标出,也可用文字加以说明和用基础代号等形式标出。

(5)定位尺寸包括基础梁、柱等的轴线尺寸,必须与建筑平面图的定位轴线及编号相一致。

3.1.2　基础详图的阅读

(1)基础详图的产生。基础详图是对基顶以下部分进行剖切,画出沿投射方向看到的部分。被剖切部分的轮廓线用粗实线绘制,没有被剖切面剖到但沿投射方向可以看到的部分,用中实线绘制,即得基础详图(图1.7)。

(2)基础剖面图详细表示出基础的位置、形状、尺寸、与轴线的关系、基础标高、材料及其他构造做法,不同做法的基础都应画出详图。

(3)基础详图的比例一般采用1:20或1:10等较大的比例绘制,以便清楚、详细地表示出基础的形状尺寸、轴线、标高、材料等施工需要明确的东西。

(4)基础详图中必须有定位轴线,基础、基础墙等轮廓线(细实线),钢筋(粗实线)。基础墙用砖砌时用砖的图例表示，但在钢筋混凝土结构中为了清楚地表示钢筋，不再用混凝土图例表示。垫层材料可用文字注明，也可用图例表示。

(5)基础详图中标注基础各部分的详细尺寸及室内外标高、基础底面标高等。当尺寸数字与图例线重叠时，可将图例线断开，以保证尺寸数字的清晰完整。

(6)地梁平面法施工图的阅读可参考《钢筋混凝土主体结构施工》教材相关章节。

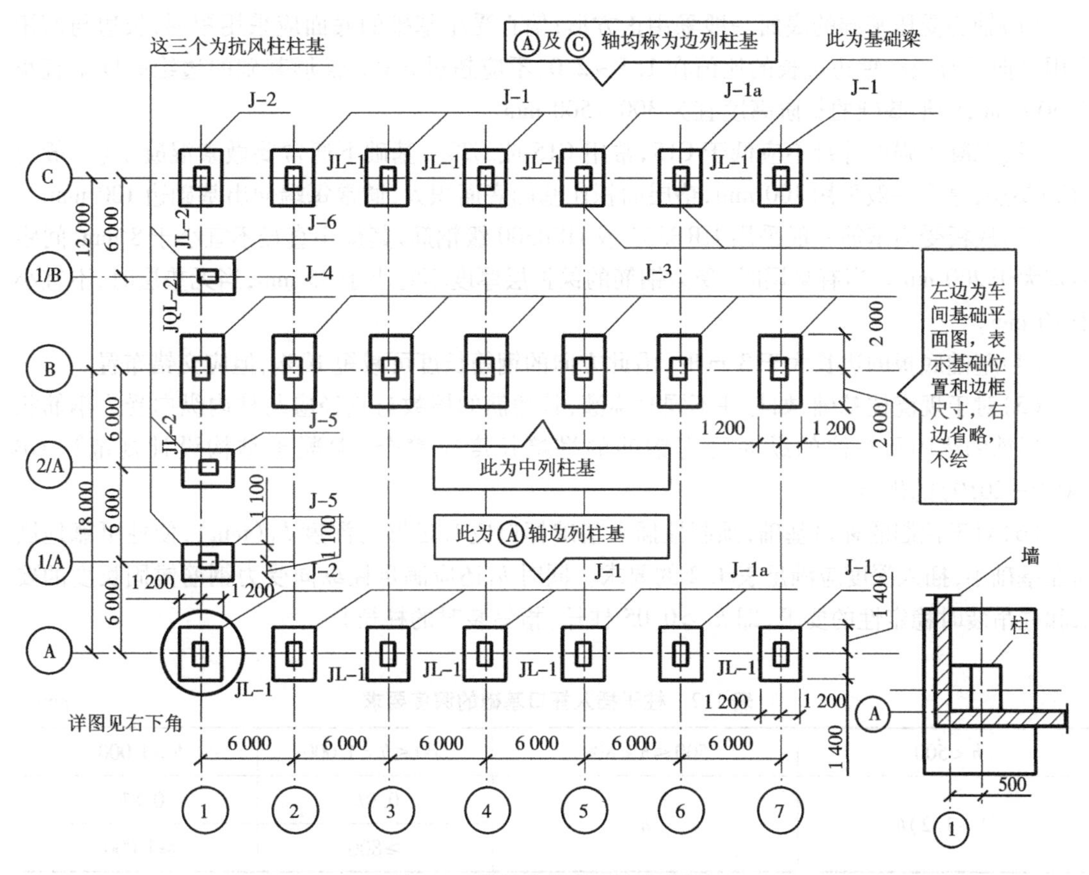

图1.6　某厂房基础平面布置图

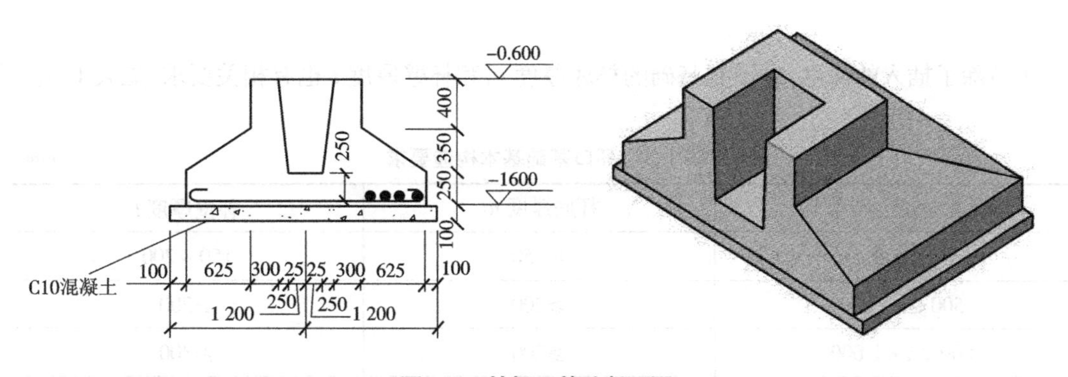

图1.7　某杯口基础断面图

3.2 钢筋混凝土独立基础构造要求

3.2.1 会审要点

(1)轴心受压基础的底面一般采用正方形;偏心受压基础的底面应采用矩形,长边与弯矩作用方向平行,长、短边边长的比值在1.5~2.0,不应超过3.0。锥形基础的边缘高度不宜小于300 mm,阶形基础的每阶高度宜为300~500 mm。

(2)混凝土强度等级不应低于C15,常用C15或C20。基础下通常要做素混凝土(一般为C10)垫层,厚度一般采用100 mm,垫层面积比基础底面积大,通常每端伸出基础边100 mm。

(3)底板受力钢筋一般采用HRB335或HPB300级钢筋,其最小直径不宜小于8 mm,间距不宜大于200 mm。当有垫层时,受力钢筋的保护层厚度不宜小于35 mm;当无垫层时,不宜小于70 mm。

(4)基础底板的边长大于3 m时,沿此方向的钢筋长度可减短10%,但应交错布置。

(5)对于现浇柱基础,如与柱不同时浇灌,其插筋的根数与直径应与柱内纵向受力钢筋相同。插筋的锚固及与柱的纵向受力钢筋的搭接长度应符合《混凝土结构设计规范》(GB 50010—2010)的规定。

(6)对于预制的杯口基础,预制柱插入基础杯口应有足够的深度 h_1(mm),使柱可靠地嵌固在基础中,插入深度应满足表1.2的要求。同时 h_1 还应满足柱纵向受力钢筋锚固长度的要求和柱吊装时稳定性的要求,即 $h_1 \geqslant 0.05$ 柱长(指吊装时的柱长)。

表1.2 柱子插入杯口基础的深度要求 mm

$h<500$	$500 \leqslant h<800$	$800 \leqslant h<1\ 000$	$h>1\ 000$
$(1\sim1.2)h$	h	$0.9h$	$0.8h$
		$\geqslant 800$	$\geqslant 1\ 000$

注:h 为柱截面长边尺寸;柱轴心受压或小偏心受压时,h_1 可适当减小,偏心距大于 $2h$ 时,h_1 应适当加大。

(7)除了插入的深度,对预制基础的杯底厚度 a_1 和杯壁厚度 t 也有相关要求,见表1.3。

表1.3 杯口基础基本构造要求 mm

柱截面长边尺寸 h	杯底厚度 a_1	杯壁厚度 t
<500	$\geqslant 150$	150~200
$500 \leqslant h<800$	$\geqslant 200$	$\geqslant 200$
$800 \leqslant h<1\ 000$	$\geqslant 200$	$\geqslant 300$
$1\ 000 \leqslant h<1\ 500$	$\geqslant 250$	$\geqslant 350$

续表

柱截面长边尺寸 h	杯底厚度 a_1	杯壁厚度 t
$1\ 500 \leqslant h < 2\ 000$	≥300	≥400

注：双肢柱的杯底厚度值，可适当加大。当有基础梁时，基础梁下的杯壁厚度，应满足其支撑宽度的要求。柱子插入杯口部分的表面应凿毛，柱子与杯口之间的空隙，应用比基础混凝土强度等级高一级的细石混凝土充填密实，当达到材料强度设计值的70%时可以进行下一步工作。

(8)独立基础的柱子插筋应按照设计要求施工。若设计没有要求，须按照《混凝土结构施工图平面整体表示方法制图规则和构造详图(独立基础、条形基础、筏形基础及桩基承台)》(11G101—3)中的相关章节来确定。

3.2.2　会审纪要

(1)图纸会审纪要可以按照会议记录的格式，记录会审会议的时间、地点、出席会审会议的人员。会审会议应将图纸会审时的问题汇总并提出解决方案。编制好的图纸会审纪要需经各方签字认可后，由总包单位交监理工程师和建设单位审核，监理工程师和建设单位应签署审核意见。

(2)图纸会审纪要也可采取表格形式，记录会审会议的时间、地点，出席人员，会议的主要内容即图纸会审时的问题及其解决方案。图纸会审记录的记录表格可参考表1.4。

表1.4　图纸会审记录

年　月　日　　　　　　　　　　　编号

<table>
<tr><td>工程名称</td><td></td><td>参加单位</td><td></td><td>出席人员</td><td></td></tr>
<tr><td>图纸名称及图号</td><td colspan="5">主要问题和解决意见</td></tr>
<tr><td></td><td colspan="5"></td></tr>
<tr><td>主持部门及负责人</td><td colspan="5"></td></tr>
<tr><td>参加部门负责人</td><td colspan="5"></td></tr>
</table>

技术负责人：　　　　　　　单位工程负责人：　　　　　填表人：

任务4　独立基础人机料计划的编制

4.1　计划管理的特点

计划管理是一项全面和综合的管理工作，一般称为全面计划管理，它具有系统的、全过程的和全员的管理特点。

1. 具有系统的特点

全面计划管理是以系统理论为基础的。每个建筑工程项目必须把计划管理作为一个相对独立的系统，包括计划管理内容的系统化、计划指标体系的系统化和信息资料系统化等。

2. 具有全过程的特点

所谓计划管理的全过程，就是对每个建筑工程具体进行施工的所有部门和所有环节都要实行计划管理，包括总体的综合计划和各项具体的专业计划，而且对计划的编制、执行和控制都要实行全过程的管理。

3. 具有全员的特点

计划管理涉及面广，在施工中领导、管理人员、技术人员、每一个工人都要参加计划管理。实行全员性计划管理，就是在总体计划的指导下，使每个部门和每个职工都有自己的计划目标，并且严格地按计划办事。

建筑施工计划管理的任务，总的说来就是通过计划管理的全过程（即编制计划、组织实施计划和及时检查实施的情况），把企业内部的各种力量和各项工作科学地组织起来，协调生产经营活动各方面和各环节的相互关系，保证全面或超额完成业主计划，使工程项目早日投产，向国家提供新增生产能力，使企业充分发挥人力、物力、财力的作用，不断提高经济效益，加速工程完工。

4.2　计划管理的内容

根据各项生产活动不同的要求编制各种计划，构成一个计划体系，其内容如下。

1. 工程总计划及分阶段作业计划

整个工程在总计划中根据制定的方针确定奋斗目标、应完成的工程量和各项技术经济指标，作为安排各阶段作业计划的依据，也是检查和考核全面经营活动的依据。

工程总计划亦称建筑安装工程计划或称生产大纲，是各项施工计划的核心，也是全体职工的行动纲领。其主要作用在于确定计划期内施工项目及其竣工日期，形象进度、实物工程量和建筑安装工作量等主要技术经济指标；工程要保质、保量，如期交付使用；保证人力、物力和财力得到最充分的利用。

2. 建筑安装工程计划

主要工程施工项目的安装工程计划表达了建筑企业在计划期内的主要施工项目、名称及其进度，是编制建筑安装工作量和实物工程量指标的基础。

建筑安装工作计划，是用货币表示建筑安装工程计划。在有分包单位协同施工时，在总工作量中应区分自行完成工作量和分包单位完成工作量。

实物工程量计划，是用工种工程实物量表示的建筑安装计划。实物工程量的计量单位按各工种工程的规定以 m^3、m^2、m 等表示。它具体表达了计划期内的工程性质和内容，对于企业安排施工力量，考虑机械使用和组织材料供应等方面都有很大作用。

机械化施工计划，是反映计划期内机械化施工水平和设备使用状况的计划。在编制时，根据施工组织设计及企业的具体条件，有计划、有步骤地提高机械化施工程度，提高机械化利用率和完好率。它通常包括机械化施工水平计划和主要机械需用计划两部分。

劳动与工资计划，是反映计划期内劳动生产率、职工人数和工资水平的计划。正确编制劳动工资计划对加强劳动力管理、提高劳动生产率和合理使用工资基金及贯彻按劳分配原则有重要作用。劳动工资计划通常分劳动生产率计划、职工人数与工资计划两部分。

材料供应计划，是反映计划期内为完成工程任务所需的各种材料数量，在节约原则下，从物质上保证工程任务的完成。正确编制材料供应计划是落实计划任务的重要条件。

总之，劳动力、材料和机械的配备计划是确保工程施工顺利的一个重要环节，能否合理安排劳动力和主要设备、材料、构件计划，将直接关系到整个工程进度和施工节奏的快慢，综合分析公司及项目工程部的实力、当地情况、工程特点等多方面的因素，人们可以科学合理地安排各项资源，圆满地完成工程施工任务。

4.3　人机料计划的确定方法

(1)经验法：如果工程量不大或者有类似工程项目的工程经验，可以直接根据施工经验确定人机料的数量。

(2)定额计算法：如果工程量很大且缺乏相应的施工经验时，其人机料的安排，原则上根据相关的工程定额来确定。即先计算相应的工程量，再依据相应企业内部的施工定额，计算出相应的人机料的量。如果没有企业定额，可以参照地方的预算定额。该方法在造价课程中有详细讲述，本教材不再详细叙述。

任务5　独立基础的定位放线

5.1　施工测量依据

(1)施工总平面图、设计施工图、设计交底。

(2)建设单位移交、勘测院提供的控制点。

(3)有关工具性参考资料,如施工手册等。

(4)施工单位现有技术力量、仪器设备能力及以往的施工经验等。

(5)国家现行技术标准、规范及操作规程。

5.2　控制点的布置及施测

(1)根据施工场地及其场地周围实际情况确定控制点和远向复核控制点的布设位置。

(2)布设的控制点均引至四周永久性建筑物或构筑物上,且要求通视,采用正倒镜分中法投测轴线时或后视时均在观测范围之内。

(3)根据甲方要求和测量单位提供的控制点形成实际施工需要的平面形状进行控制。

(4)根据建设方或测绘部门提供的高程控制点数据,向建筑物的东、西、南、北向各引测一个固定控制点。

(5)水准点一般按三等水准测量要求施测。

(6)所有控制点设专人保护,定期巡视,并且每月复核一次,使用前必须进行复核。

5.3　独立基础定位放线

独立基础定位放线可采用极坐标测设方法进行施工,根据平面图纸和规划测设单位给出的定位坐标点,定位绝对坐标值计算出每个独立基础中心的平面绝对坐标值,基础中心测放以建立轴网交点为仪器架设测站点,以计算的坐标值来测放基础中心,基础中心用木桩或其他测量标志的方式,基础中心标注在其上。基础中心测放后,用钢尺复查中心距离是否与图纸尺寸相符合,中心误差控制在 ±15 mm 以内,检查无误后,根据独立基础平面布置图画出独立基础的平面形状,并复测基础中心的位置,再次检查无误后,报监理、建设方验收,再进行下一工序施工。

任务6　独立基础的钢筋施工

6.1　钢筋的进场验收

(1)钢筋进场前,应查验标牌、质量证明书、产品合格证、出厂试验报告并进行复验。

(2)钢筋的外观质量应满足表1.5的要求。其抽样数量应是一个检验批的5%。

表1.5　钢筋外观质量要求

钢筋种类	外观要求
热轧钢筋	表面不得有裂纹、结疤和折叠,如有凸块不得超过横肋的高度,其他缺陷的高度和深度不得大于所在部位尺寸的允许偏差,钢筋外形尺寸等应符合国家标准
热处理钢筋	表面不得有裂纹、结疤和折叠,如有凸块不得超过横肋的高度。钢筋外形尺寸应符合国家标准
冷拉钢筋	表面不得有裂纹和缩颈
冷拔低碳钢丝	表面不得有裂纹和机械损伤
碳素钢丝	表面不得有裂纹、小刺、机械损伤、锈皮和油漆
刻痕钢丝	表面不得有裂纹、分层、锈皮、结疤
钢绞线	不得有折断、横裂和相互交叉的钢丝,表面不得有润滑剂、油渍

6.2　钢筋的见证取样

(1)钢筋进场后应及时通知专业监理工程师和甲方现场代表,到钢筋堆场进行见证取样。

(2)由专业监理工程师或者甲方代表任意指定两根钢筋按照规范规定进行取样。

(3)取出的样本按照《混凝土结构工程施工质量验收规范》(GB 50204—2015)的要求进行封存并由相关人员送往有资质的材料检测所进行拉伸、冷弯试验及其他物理化学性质的检验。若有一项指标不合格,应重新按照相关规范规定进行二次检验。

(4)钢筋检验批的划分参照表1.6的要求实施。

表1.6　钢筋验收要求

<table>
<tr><th colspan="2">钢筋种类</th><th>验收批钢筋组成</th><th>每批数量</th><th>取样方法</th></tr>
<tr><td colspan="2">热轧钢筋</td><td>1. 同一牌号、规格和同一炉罐号
2. 同钢号的混合批，不超过6个炉罐号</td><td>≤60 t</td><td>在每批钢筋中任取2根钢筋，每根钢筋取1个拉力试样和1个冷弯试样</td></tr>
<tr><td colspan="2">热处理钢筋</td><td>1. 同一处截面尺寸，同一热处理制度和炉罐号
2. 同钢号的混合批，不超过10个炉罐号</td><td>≤60 t</td><td>取10%盘数(不少于25盘)，每盘一个拉力试样</td></tr>
<tr><td colspan="2">冷拉钢筋</td><td>同级别、同直径</td><td>≤20 t</td><td>任取2根钢筋，每根取1个拉力试样和1个冷弯试样</td></tr>
<tr><td rowspan="2">冷拔低碳钢丝</td><td>甲级</td><td>用相同材料的钢筋冷拔成同直径的全部进场钢丝</td><td>逐盘检查</td><td>每盘取1个拉力试样和1个弯曲试样</td></tr>
<tr><td>乙级</td><td>用相同材料的钢筋冷拔成同直径的钢丝</td><td>5 t</td><td>任取3盘，每盘取1个拉力试样和1个弯曲试样</td></tr>
<tr><td colspan="2">碳素钢丝
刻痕钢丝</td><td>同一钢号、同一形状尺寸、同一交货状态</td><td>≤30 t</td><td>取5%盘数(不少于3盘)，优质钢丝取10%盘数(不少于3盘)，每盘取1个拉力试样和1个冷弯试样</td></tr>
<tr><td colspan="2">钢绞线</td><td>同一钢号、同一形状尺寸、同一生产工艺</td><td>≤60 t</td><td>任取3盘，每盘取1个拉力试样</td></tr>
</table>

6.3　钢筋的贮存

钢筋进场后，必须严格按批分等级、牌号、直径、长度挂牌堆放，不得混淆。钢筋应尽量堆入仓库或者料棚内。条件不具备时，应选择地势较高、土质坚硬的场地存放。堆放时，钢筋下部应垫高，离地至少200 mm高，以防钢筋锈蚀。在堆场周围应挖排水沟，以利泄水。

6.4　钢筋的配料

独立基础底板及地梁钢筋配料是根据构件配筋图，先绘出各种形状和规格的单根钢筋简图，并加以编号，再计算构件各种规格钢筋的直线长度(下料长度)、总根数和钢筋的总质量，然后编制下料表，作为备料加工的依据。

6.4.1　钢筋下料长度的计算及规定

1. 钢筋下料长度和混凝土保护层厚度

钢筋下料长度计算是配料计算中的关键，它是指钢筋在直线状态下截断的长度。但由于结构受力上的要求，大多数钢筋需在中间弯曲和将两端做成弯钩。钢筋弯曲时，其外侧伸长，内侧缩短，只有中心线保持不变。而设计图中注明的钢筋长度是钢筋的外轮廓尺寸（从钢筋外皮到钢筋外皮的尺寸且不包括端头弯钩长度）称为外包尺寸，在钢筋验收时，也按外包尺寸验收。如果下料长度按外包尺寸的总和计算，则加工后钢筋尺寸会大于设计要求的外包尺寸，造成材料浪费，或钢筋的保护层厚度不够，致使混凝土构件钢筋安装时，使得构件钢筋骨架尺寸大于构件的模板尺寸（也即是模板装不下钢筋）。

钢筋的混凝土保护层厚度是指钢筋外皮至构件表面的距离，其作用是保护钢筋在混凝土结构中不发生锈蚀。如设计无规定时混凝土保护层厚度应满足表1.7的要求。

表1.7　混凝土保护层厚度的要求　　mm

环境与条件	构件名称	混凝土强度等级		
		≤C25	C25～C30	≥C30
室内正常环境	板、墙、壳	15		
	梁和柱	25		
露天或室内高湿度环境	板、墙、壳	35	25	15
	梁和柱	45	35	25
有垫层	基础	35		
无垫层		70		

注：①轻骨料混凝土的钢筋保护层厚度应符合国家现行标准《轻骨料混凝土技术规程》（JGJ 51—2002）的规定。

②处于室内正常环境由工厂生产的预制构件，当混凝土强度等级不低于C20且施工质量有可靠保证时，其保护层厚度可按表中规定减少5 mm，但预制构件中的预应力钢筋（包括冷拔低碳钢丝）的保护层厚度不应小于15 mm；处于露天或室内高湿度环境的预制构件，当表面另做水泥砂浆抹面层且有质量保证措施时，保护层厚度可按表中室内正常环境中构件的数值采用。

③钢筋混凝土受弯构件，钢筋端头的保护层厚度一般为10 mm，预制肋形板，其主筋的保护层厚度可按梁考虑。

④板、墙、壳中分布筋的保护层厚度不应小于10 mm，梁柱中箍筋和构造钢筋的保护层厚度不应小于15 mm。

2. 钢筋弯曲直径

Ⅰ级钢筋为光圆钢筋，为了增加其与混凝土锚固的能力，一般将其两端做成180°弯钩。因其韧性较好，圆弧弯曲直径是钢筋直径的2.5倍，平直部分长度不小于钢筋直径的3倍；用于轻骨料混凝土结构时，其弯曲直径不应小于钢筋直径的3.5倍；Ⅱ、Ⅲ级钢筋因是变形钢筋，其与混凝土黏结性能较好，一般在两端不设180°弯钩。但由于锚固长度原因钢筋末端有时需做90°或135°弯折，此时Ⅱ级钢筋的弯曲直径不宜小于钢筋直径的4倍；Ⅲ级钢筋不宜小于钢筋直径的5倍；平直部分长度按设计要求确定。弯起钢筋中间部位弯折处的弯曲直径不宜小于钢筋直径的5倍。用Ⅰ级钢筋或冷拔低碳钢丝制作箍筋时，其末端也应做弯钩，其弯曲直径不小于箍筋直径的2.5倍，弯钩的平直部分，一般结构不小于箍筋直径的5倍，有抗震要求的结构不应小于箍筋直径的10倍。箍筋弯钩的形式，如设计无要求时，可按图1.8(a)、(b)加工，有抗震要求的结构，应按图1.8(b)加工。

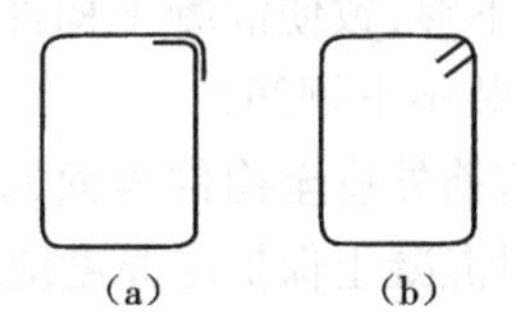

图1.8　箍筋示意

(a)末端两端90°　(b)末端两端135°

3. 量度差值

钢筋的外包尺寸与钢筋的中心线长度之间的差值，称为量度差值。其大小与钢筋和弯心的直径以及弯曲的角度等因素有关。

4. 弯起钢筋的斜长

在钢筋混凝土梁、板中，因受力需要，经常采用弯起钢筋。其弯起形式有30°、45°、60°等3种，如图1.9所示。

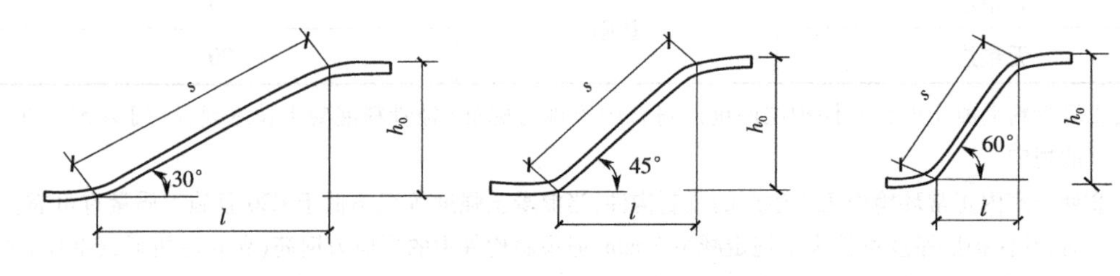

图1.9　弯起钢筋斜长计算示意

弯起钢筋斜长 s 计算公式如下：

$$s=(H-2b)/\sin\alpha \tag{1.19}$$

式中　H——构件的高度或厚度；

b——构件的钢筋保护层厚度；

α——弯起钢筋的弯起角度，分别为30°、45°和60°。

因此，弯起30°时，$s=2(H-2b)$；弯起45°时，$s=1.414(H-2b)$；弯起60°时，$s=1.155(H-2b)$。

5. 梁钢筋锚固长度

梁纵向受力钢筋应伸入支座进行锚固，锚固长度与混凝土等级、钢筋种类及抗震等级有关。梁纵向受力钢筋锚固长度在结构施工图上有专项说明和要求。

6. 梁箍筋加密区的规定

(1)一级抗震等级框架梁、屋面框架梁箍筋加密区为：从支座侧边至 $2h_b$(梁截面高度)且

≥500 mm 的范围。二至四级抗震等级框架梁、屋面框架梁箍筋加密区为：从支座侧边至 $1.5h_b$（梁截面高度）且≥500 mm 的范围。加密区第一个箍筋离支座侧边间距为 50 mm。

（2）主次梁相交处，应在主梁上附加 3 个箍筋，间距为 $8d$（d 为钢筋直径）且小于或等于正常箍筋间距，第一个箍筋离支座侧边的距离为 50 mm。

（3）梁纵筋采用绑扎搭接接长时，搭接长度部分箍筋应加密。

6.4.2　钢筋端头弯钩的增加长度和弯折量度差值的计算

1. 钢筋端头弯钩增加长度的计算

Ⅰ级钢筋的端头需做 180°弯钩，当用于普通混凝土时，其弯曲直径 $D=2.5d$，平直段长度为 $3d$，如图 1.10 所示，则每个弯钩的增加长度为

$$\pi(D+d)/2+3d-(D/2+d)=\pi(2.5d+d)/2+3d-(2.5d/2+d)=6.25d$$

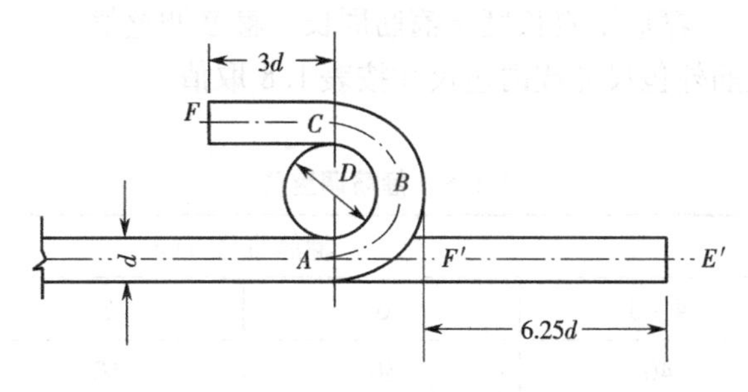

图 1.10　钢筋端头弯钩计算简图

当用于轻骨料混凝土时，则其弯曲直径 $D=3.5d$，同理可计算出每个弯钩的增加长度为 $7.25d$。

2. 钢筋弯折量度差值的计算

钢筋弯折的角度一般有 30°、45°、60°、90°和 135°。下面以弯起 90°为例，介绍量度差值的计算。当钢筋弯起 90°时，弯曲直径 $D=5d$，如图 1.11 所示。其量度差值计算如下：

（1）外包尺寸 $2(D/2+d)=7d$；

（2）中心线长度 $\pi(D+d)/4=4.71d$；

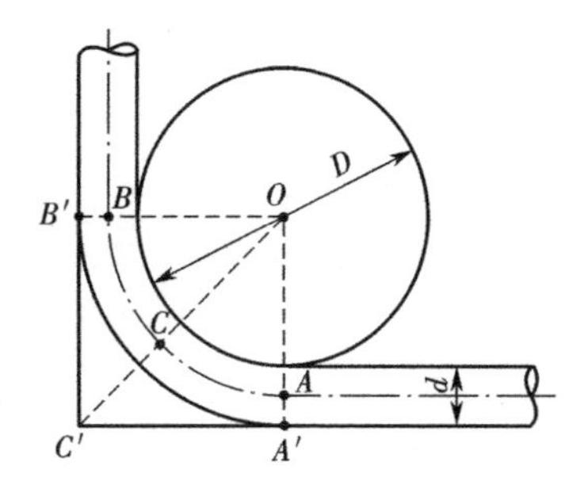

图 1.11　钢筋弯折 90°的量度差值计算简图

(3)量度差值 $7d-4.71d=2.29d$,实际工作中为了计算方便常取 $2d$。

同理,当弯起30°时,量度差值为 $0.306d$,取 $0.3d$;弯起45°时,量度差值为 $0.543d$,取 $0.5d$;弯起60°时,量度差值为 $0.9d$,取 $1d$;弯起135°时,量度差值为 $3d$。

3.箍筋端头弯钩增加长度的计算

箍筋端头弯钩的角度有90°、135°和180° 3种。其弯曲直径(D)应大于受力钢筋直径且不小于箍筋直径(d)的2.5倍,平直段长度为箍筋直径的5倍或10倍。因此,每个箍筋弯钩增加长度分别为

(1)弯90°时,$\pi(D+d)/4-(D/2+d)$+平直段长度;

(2)弯135°时,$3\pi(D+d)/8-(D/2+d)$+平直段长度;

(3)弯180°时,$\pi(D+d)/2-(D/2+d)$+平直段长度。

为了简化计算,也可按下式计算箍筋下料长度:

箍筋下料长度=箍筋周长+箍筋调整值

其中箍筋调整值根据箍筋外包尺寸或内包尺寸按表1.8取值。

表1.8　箍筋调整值

箍筋量度方法	箍筋直径/mm			
	4~5	6	8	10~12
量外包尺寸	40	50	60	70
量内包尺寸	80	100	120	150~170

6.4.3　钢筋下料长度

根据主要钢筋混凝土结构或构件的配筋图,可以把加工成的钢筋形状归纳为直钢筋、弯起钢筋和箍筋3类。其下料长度的计算应考虑:

(1)锚固长度的规范要求(见《混凝土结构施工图平面整体表示方法制图规则和构造详图》(11G101));

(2)弯折量度差;

(3)弯钩增加长度;

(4)混凝土保护层厚度。

6.5　钢筋的代换

6.5.1　钢筋的代换方法

在施工中如果遇到钢筋品种或规格与设计要求不符时,在征得设计单位同意后,可按下列方法进行代换。

1. 等强度代换

构件配筋受强度控制时，按代换前后强度相等的原则进行代换，称等强度代换。代换时应满足下式要求：

$$A_2 f_{y2} \geqslant A_1 f_{y1} \tag{1.20}$$

即

$$n_2 d_2 f_{y2} \geqslant n_1 d_1 f_{y1} \tag{1.21}$$

式中　A_1、d_1、n_1、f_{y1}——原设计钢筋的截面面积、直径、根数和设计强度；

A_2、d_2、n_2、f_{y2}——拟设计钢筋的截面面积、直径、根数和设计强度。

2. 等面积代换

构件按最小配筋率配筋时，按代换前后面积相等的原则进行代换，称等面积代换。代换时应满足下式要求：

$$A_2 \geqslant A_1 \tag{1.22}$$

即

$$n_2 d_{22} \geqslant n_1 d_{12} \tag{1.23}$$

式中　d_{22}——拟代换钢筋的直径；

d_{12}——原钢筋的直径。

6.5.2　钢筋代换的技术要求

(1)对某些重要构件，如吊车梁、薄腹梁、桁架下弦等，不宜用Ⅰ级光面钢筋代换变形钢筋，以免裂缝开展过大。

(2)钢筋代换后，应满足混凝土结构设计规范所规定的钢筋最小直径、间距、根数、锚固长度等要求。

(3)梁的纵向受力钢筋与弯起钢筋应分别代换，以保证正截面与斜截面强度。

(4)偏心受压或偏心受拉构件的钢筋代换时，不取整个截面的配筋量计算，应按受压或受拉钢筋分别代换。

(5)当构件受裂缝宽度或挠度控制时，钢筋代换后应进行裂缝宽度或挠度验算。

(6)对有抗震要求的框架(地梁钢筋可参考框架梁执行)，不宜用强度等级较高的钢筋代换原设计中的钢筋。当必须代换时，其代换的钢筋所得的实际抗拉强度与实际屈服强度的比值不应小于1.25；实际屈服强度与钢筋标准强度的比值，当按1级抗震设计时，不应大于1.25；当按2级抗震设计时，不应大于1.4。

(7)预制构件的吊环，必须采用未经冷拉的Ⅰ级热轧钢筋制作，严禁用其他钢筋代换。

(8)代换后的钢筋用量，不宜大于原设计用量的5%，不低于2%，同一截面钢筋直径相差不大于5 mm，以防构件受力不匀而造成破坏。

6.6 地梁钢筋施工

6.6.1 地梁钢筋施工工艺流程

地梁钢筋施工:梁筋布料、划线→地梁钢筋安装→焊接→梁垫块→梁筋自检→验收。

6.6.2 地梁钢筋的连接

地梁钢筋的连接方式主要采用电弧焊连接。

电弧焊是利用弧焊机使焊条和焊件之间产生高温电弧,使焊条和高温电弧范围内的焊件金属熔化,熔化的金属凝固后形成焊缝或焊接接头。电弧焊广泛应用于钢筋的搭接接长、钢筋骨架的焊接、钢筋与钢板的焊接、装配式结构接头的焊接及各种钢结构的焊接。

钢筋电弧焊的接头形式有搭接接头、帮条接头、坡口接头、熔槽帮条接头、钢筋与预埋铁件接头。

1)搭接接头

搭接接头适用于直径10~40 mm的Ⅰ~Ⅲ级钢筋。焊接前,先将钢筋的端部按搭接长度预弯,以保证两钢筋的轴线在一条直线上(图1.12),然后两端点焊定位,焊缝宜采用双面焊,当双面施焊有困难时,也可采用单面焊。

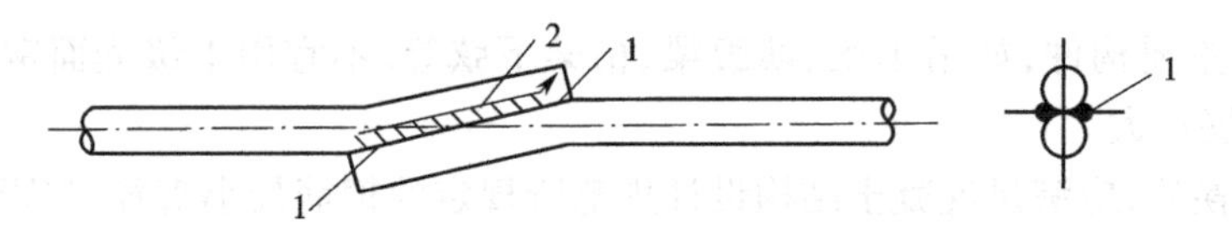

图1.12 钢筋搭接接头

1—定位焊缝;2—弧坑拉出方位

2)帮条接头

帮条接头适用范围同搭接接头。帮条宜采用与主筋同级别、同直径的钢筋制作(图1.13)。所采用帮条的总截面积应满足:当被焊接钢筋为Ⅰ级钢筋时,应不小于被焊接钢筋截面的1.2倍;被焊接钢筋为Ⅱ级、Ⅲ级钢筋时,应不小于被焊接钢筋截面积的1.5倍。主筋端面间的间隙应为2~5 mm,帮条和主筋间用四点对称定位焊加以固定。钢筋帮条长度见表1.9。

表1.9 钢筋帮条长度

序号	钢筋级别	焊缝形式	帮条长度
1	HPB300	单面焊	>8d
		双面焊	>4d
2	HRB335	单面焊	>10d
		双面焊	>5d

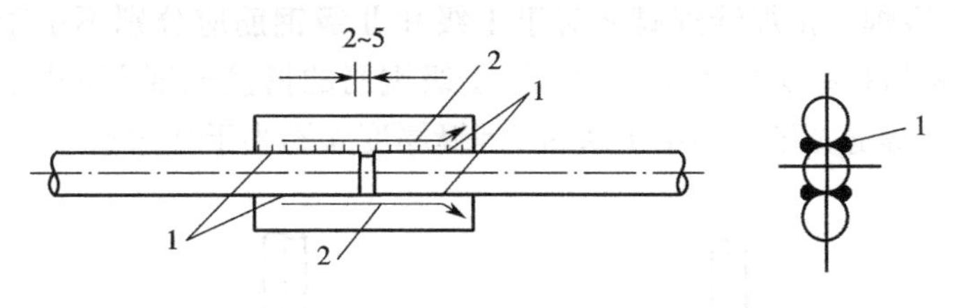

图1.13　钢筋帮条接头

1—定位焊缝;2—弧坑拉出方位

3)坡口接头

坡口接头多用于装配式结构现浇接头中直径16~40 mm的Ⅰ~Ⅲ级钢筋的焊接。这种接头比前两种接头节约钢材。按焊接位置不同,坡口焊可分为平焊和立焊两种(图1.14)。焊接前,应先将钢筋端部剖成坡口。

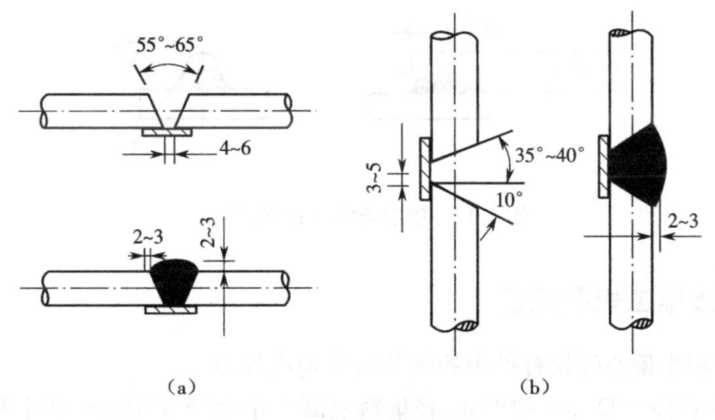

图1.14　坡口接头

(a)钢筋坡口平焊接头　(b)钢筋坡口立焊接头

4)熔槽帮条接头

熔槽帮条接头适用于钢筋直径大于25 mm的现场安装焊接。焊接时,应加角钢作为垫模,角钢同时也起帮条作用(图1.15)。角钢的边长为40~60 mm,长度为80~100 mm。

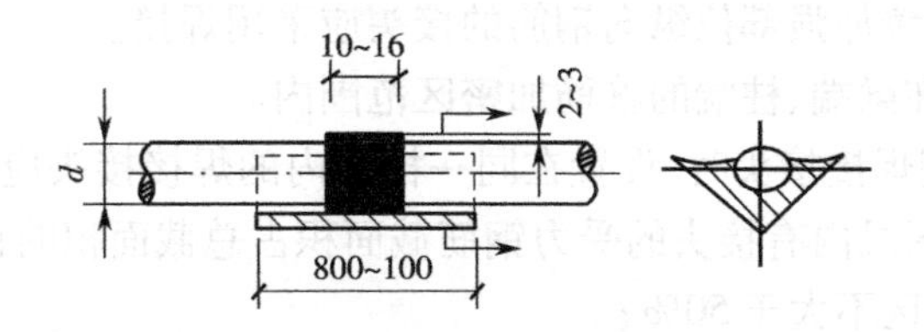

图1.15　熔槽帮条接头

5)钢筋与预埋铁件接头

钢筋与预埋铁件接头可分为对接接头和搭接接头两种,对接接头又可分为贴角焊和穿孔塞焊(图1.16)。当锚固钢筋直径在18 mm以下时,可采用贴角焊;当锚固钢筋直径为18~22

mm 时,宜采用穿孔塞焊。角焊缝焊脚 k 对于Ⅰ级和Ⅱ级钢筋应分别不小于钢筋直径的 1/2 和 3/5。钢筋与钢板搭接接头如图 1.17 所示,Ⅰ级钢筋的搭接长度 l 不小于 $4d$,Ⅱ级钢筋的搭接长度不小于 $5d$;焊缝宽度 b 不小于 $0.5d$,焊缝厚度 h 不小于 $0.35d$。

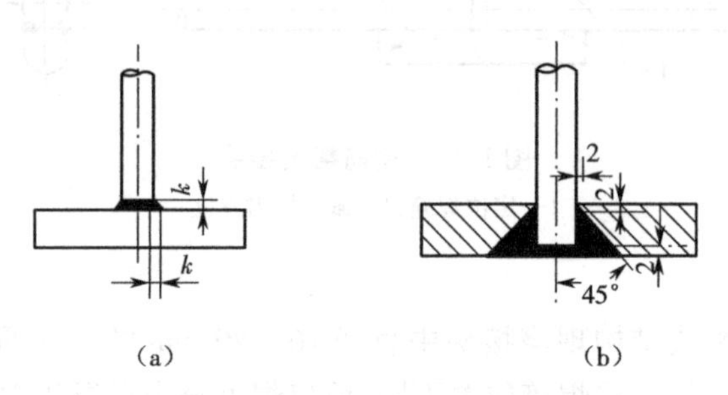

图 1.16 钢筋与预埋件对接接头

(a)贴角焊 (b)穿孔塞焊

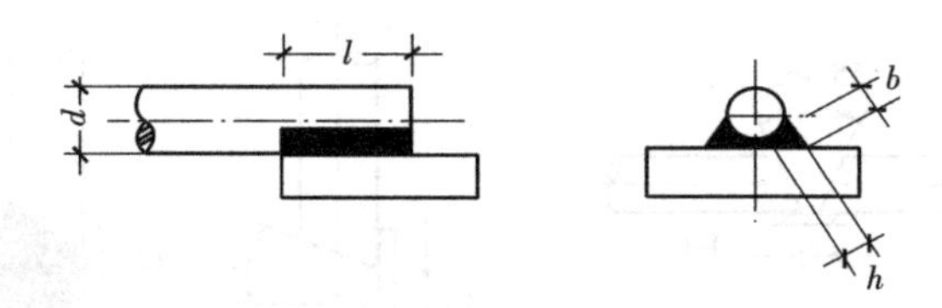

图 1.17 钢筋与钢板搭接接头

6.6.3 焊接连接施工规范规定

(1)轴心受拉和小偏心受拉杆件中的钢筋接头均应焊接。

普通混凝土中直径 >22 mm 的钢筋,轻集料混凝土中直径 >20 mm 的Ⅰ级钢筋及直径 >25 mm 的Ⅱ级、Ⅲ级钢筋的接头,均宜采用焊接。对轴心和偏心受压柱中的受压钢筋的接头,当直径 >32 mm 时,应采用焊接。

(2)对有抗震要求的受力钢筋的接头,宜优先采用焊接或机械连接,当采用焊接连接时,应符合如下几点要求。

①纵向钢筋的接头,对一级抗震结构应采用焊接,对二级抗震结构宜采用焊接。

②框架底层柱、剪力墙加强部位纵向钢筋的接头应采用焊接。

③钢筋接头不宜设在梁端、柱端的箍筋加密区范围内。

(3)当受力钢筋采用焊接接头时,设置在同一构件内的焊接接头应相互错开,同一根钢筋不得有两个接头。在该区段内有接头的受力钢筋截面积占总截面积的百分率:

①非预应力筋,受拉区不大于 50%;

②预应力筋,受拉区不大于 25%。

(4)焊接接头距钢筋弯折处不小于 $10d$,且不宜位于构件的最大弯矩处。

任务7　独立基础的模板施工

现浇混凝土结构所用模板技术已经向多元化、体系化方向发展，目前除部分楼板支模还采用散支散拆外，已经形成组合式、工具化、定型、大型化的模板体系，采用竹木胶合板模板也有较大发展。本任务内容主要以木模板为载体介绍独立阶梯形基础和杯口基础模板所特有的支设工艺。模板的设计、支设和拆除的一般技术要求可参考其他章节的相关内容或者主体施工的教材。

7.1　模板施工工艺流程

模板施工工艺流程：抄平、放线→安装基础模板→安装龙骨及支撑→校正加固。

7.2　抄平、放线

将控制模板标高的水平控制点引测至基坑（槽）壁上，在混凝土垫层上弹出轴线和基础外边线。

7.3　阶梯形独立基础模板的安装

根据图纸尺寸制作每一阶梯模板，支模顺序由下至上逐层向上安装。先安装底层阶梯模板，用斜撑和水平撑加固撑稳，核对模板墨线及标高，配合绑扎钢筋及垫块。再进行上一阶模板安装，上阶模板可采用轿杠架设在两端支架上，重新核对各部位标高尺寸，并用斜撑、水平支撑以及拉杆加以固定、撑牢，最后检查拉杆是否稳固，校核基础模板几何尺寸及轴线位置。

7.4　杯形独立基础模板的安装

与阶梯形独立基础不同之处是增加一个杯芯模，杯芯模上大下小，斜度按工程设计要求制作。杯芯模安装前应钉成整体，轿杠钉于两侧。杯芯模安装完后应全面校核轴线和标高。

杯形基础支模时，应防止中心线不准、杯口模板位移、混凝土浇筑时芯模浮起、拆模时芯模拆不出等现象。支模时可采取下列预防措施。

（1）中心线位置及标高应准确，支上段模板时采用抬轿杠，可使位置准确。托木的作用是将轿杠与下段混凝土面隔开少许，便于混凝土面拍平。

（2）杯芯模板应刨光竖拼，芯模外表面涂刷隔离剂，底部钻几个小孔以便排气，减少浮力。

（3）脚手板不得搁置在模板上。

(4)浇筑混凝土时,在芯模四周应对称均匀下料、对称均匀振捣。

(5)拆除杯芯模板,一般在混凝土初凝前后即可用锤轻打,用撬棍拨动。

7.5 地梁模板的安装

(1)对于直接在基槽上浇筑的地梁,可以按设计要求或者实际施工需要将基槽底用 C20 细石混凝土硬化,以此垫层作为地梁的底模。

(2)用水平仪抄测校正侧板顶面水平,经检测无误后,用斜撑、水平撑及拉撑钉牢。

(3)如果实际工程中地梁需要支设底模,且梁底模板跨度大于 4 m 时,跨中梁底处应按设计要求起拱;如设计无要求时,起拱高度为梁跨度的 1‰~3‰。主次梁交接时,先主梁起拱,后次梁起拱。

7.6 模板的拆除

(1)对于不承重模板的拆除,要求构件的混凝土强度达到 2.5 MPa,即是在拆除不承重模板时,混凝土构件的表面和棱角不会被轻易损坏。

(2)对于承重模板的拆除,要求构件的混凝土强度达到设计要求的拆模时间。如果设计没有具体要求,应参照表 1.10 的要求实施。

表 1.10 模板底模拆除的要求

构件类型	构件跨度/m	达到设计的混凝土立方体抗压强度标准值的百分率
板	≤2	≥50%
	>2,≤8	≥75%
	>8	≥100%
梁、拱、壳	≤8	≥75%
	>8	≥100%
悬臂构件	—	≥100%

任务 8　独立基础的混凝土施工

8.1　材料的准备

(1)水泥:水泥品种、强度等级应根据设计要求确定,质量符合现行的相关材料标准。工期紧时可做水泥快测。必要时要求厂家提供水泥含碱量的报告。

(2)石、砂子:根据结构尺寸、钢筋密度、混凝土施工工艺、混凝土强度等级的要求确定石子粒径、砂子细度。砂石质量符合现行的相关材料标准。必要时做骨料碱活性实验。

(3)水:自来水或者是不含有害物质的洁净水。

(4)外加剂:根据施工组织设计要求和实际施工需要,确定是否采用外加剂。外加剂必须经实验合格后,方可在工程中使用。

(5)掺和料:根据施工组织设计要求和实际施工需要,确定是否使用掺和料。掺和料的质量符合现行的相关材料标准。

8.2　机具的准备

搅拌机、磅秤、手推车或翻斗车、铁锹(平头和尖头)、振捣器(插入式和平板式)、刮杠、木抹子、胶皮管、串筒或溜槽等。

8.3　技术条件准备

(1)对于独立基础、地梁的施工图比较熟悉,在进行的图纸会审工作中已经使发现的问题得以解决或者已有解决措施。

(2)独立基础的基坑或基槽、地梁的基槽以及钢筋已经进行了验收,并且验收合格,而且形成了合格的验槽记录及地基、钢筋隐检手续。

(3)项目部、施工班组以及劳务班组切实可行地做好了技术交底和安全交底工作,并形成相应的文字文件和资料。

8.4　混凝土的制备

(1)混凝土的强度要符合设计要求。

(2)混凝土的配料和配合比要符合设计要求及施工现场的实际情况。例如已知实验室混凝土配合比为 $1:x:y$;砂石含水率分别为 ω_x,ω_y,水灰比 W/C;则根据施工现场实际情况推出施

工配合比为 $1:x(1+\omega_x):y(1+\omega_y)$，此时水灰比不变，但加水量应扣除砂石中的水量。

(3)混凝土的搅拌一般采用搅拌机进行，搅拌机分为强制式和自落式两种。强制式搅拌机多用于干硬性、低流动性、轻骨料混凝土的搅拌，而自落式搅拌机多用于大体积混凝土的搅拌。

(4)混凝土的搅拌时间应满足下表1.11的要求。

表1.11 混凝土的最短搅拌时间 s

混凝土坍落度/mm	搅拌机机型	搅拌机出料量/L		
		<250	250~500	>500
≤30	强制式	60	90	120
>30	强制式	60	60	90

8.5 混凝土的运输

由于混凝土料拌和后不能久存，而且在运输过程中对外界的影响敏感，运输方法不当会降低混凝土质量，甚至造成废品。因此，要解决好混凝土拌和、浇筑、水平运输和垂直运输之间的协调配合问题，还必须采取适当的措施保证运输混凝土的质量。

1. 混凝土拌和物的运输

对混凝土拌和物运输的要求是：在运输过程中，应保持混凝土的均匀性，避免产生分层离析现象；混凝土应以最少的中转次数、最短的时间，从搅拌地点运至浇筑地点，保证混凝土从搅拌机卸出后到浇筑完毕的延续时间不超过混凝土初凝时间的要求；运输工作应保证混凝土的浇筑工作连续进行；运送混凝土的容器应严密，其内壁应平整光洁，不吸水不漏浆，黏附的混凝土残渣应经常清除。

2. 混凝土在施工现场的运输

混凝土运输工作主要分为混凝土的水平运输和垂直运输。水平运输要用到手推车、架子车和斗车，垂直运输要用到塔吊、井架和泵，而集料斗、溜槽、溜管、吊罐等是现场混凝土运输的主要辅助设备。

8.6 混凝土的浇筑

(1)混凝土在浇筑前，施工单位首先对已制作绑扎好的模板、支撑、钢筋、预埋件进行认真的检查并填写好各项隐蔽记录资料及混凝土浇灌证，其次通知监理方、建设方及质监方的人员一起对混凝土浇灌前的模板、钢筋、预埋件、各种管线等检查确认并签署了混凝土浇灌证手续后，方可进行混凝土的浇筑工作。同时施工现场做好混凝土浇筑前的前、后台的各项准备工作。每次浇混凝土必须有钢筋工、模板工、安装工值班。混凝土振捣人员及施工范围应有记录,在浇筑混凝土工程中,不能随意挪动钢筋,要随时检查钢筋保护层厚度及所有预埋件的牢固程度和位置准确性。

(2)混凝土在浇筑过程中要防止其发生分层离析。对于独立基础和地梁的混凝土要选择适宜的振捣设备进行振捣,振捣设备不要触碰模板和钢筋以及预埋件。振捣时间以混凝土表面浮浆冒出气泡为宜。地梁表面和独立基础表面要随即收光整平。

(3)混凝土宜连续浇筑,若由于施工组织原因需要留施工缝,则应按照各个构件留设施工缝的具体要求留置。

任务9　独立基础的质量及安全控制

9.1　独立基础的质量控制

独立基础质量检查的内容分为主控项目和一般项目,主控项目抽检的样本要求100%合格,一般项目抽检的样本要求至少80%合格。

9.1.1　独立基础混凝土质量控制

1. 保证项目

(1)混凝土所用的水泥、水、骨料、外加剂等必须符合施工规范和有关标准的规定。

(2)混凝土的配合比、原材料计量、搅拌、养护和施工缝处理,必须符合施工规范的规定。

(3)评定混凝土强度的试块,必须按《混凝土强度检验评定标准》(GB/T 50107—2010)的规定取样、制作、养护和试验。其强度必须符合施工规范的规定。

(4)对设计不允许有裂缝的结构,严禁出现裂缝;设计允许出现裂缝的结构,其裂缝宽度必须符合设计要求。

2. 一般项目

(1)混凝土应振捣密实,蜂窝面积一处不大于200 cm^2,累计不大于400 cm^2,无孔洞。

(2)无缝隙、无夹渣层。

(3)允许偏差项目见表1.12。

表1.12　素混凝土基础允许偏差

项次	项　目	允许偏差/mm	检验方法
1	标高	±10	用水准仪或拉线和尺量检查

续表

项次	项　目	允许偏差/mm	检验方法
2	表面平整度	8	用2 m靠尺和楔形塞尺检查
3	基础轴线位移	15	用经纬仪或拉线和尺量检查
4	基础截面尺寸	+15，-10	尺量检查
5	预留洞中心线位移	5	尺量检查

9.1.2　独立基础钢筋质量控制

要保证独立基础钢筋的施工质量除了钢筋的进场验收以外，还要做好钢筋的见证取样以及钢筋的下料、连接、安装质量的控制。

1. 主控项目

钢筋的品种和质量、焊条、焊剂的牌号、性能及使用的钢板，必须符合设计要求和有关标准的规定。进口钢筋焊接前，必须进行化学成分检验和焊接试验，符合有关规定后方可焊接。

(1)钢筋表面必须清洁，带有颗粒状或片状老锈，经除锈后仍有麻点的钢筋，严禁按原规格使用。

(2)钢筋的规格、形状、尺寸、数量、间距、锚固长度、接头设置，必须符合设计要求和施工规范的规定。

(3)焊接接头力学性能，必须符合钢筋焊接规范的专门规定。

2. 一般项目

(1)绑扎钢筋的缺扣、松扣数量不得超过绑扣数的10%，且不应集中。

(2)弯钩的朝向应正确，绑扎接头应符合施工规范的规定，搭接长度不小于规定值。

(3)用Ⅰ级钢筋制作的箍筋，其数量应符合设计要求，弯钩角度和平直长度应符合施工规范的规定。

(4)对焊接头无横向裂纹和烧伤，焊包均匀。接头处弯折不得大于4°，接头处钢筋轴线的偏移不得大于0.1d，且不大于2 mm 。

(5)电弧焊接头焊缝表面平整，无凹陷、焊瘤，接头处无裂纹、气孔、熔渣及咬边。接头尺寸允许偏差不得超过以下规定：

①绑条沿接头中心的纵向位移不大于0.5d，接头处弯折不大于4°；

②接头处钢筋轴线的偏移不大于0.1d，且不大于3 mm；

③焊缝厚度不小于0.05d；

④焊缝宽度不小于0.1d；

⑤焊缝长度不小于0.5d；

⑥接头处弯折不大于4°；

⑦允许偏差项目见表1.13。

表1.13　钢筋安装及预埋件位置的允许偏差值

项次	项目		允许偏差/mm	检验方法
1	绑扎钢筋网	长、宽	±10	钢尺检查
		网眼尺寸	±20	钢尺连续量三档,取最大值
2	绑扎钢筋骨架	宽、高	±5	钢尺检查
		长	±10	钢尺检查
3	受力钢筋	基础保护层	±10	钢尺检查
		柱、梁保护层	±5	钢尺检查
		板、墙、壳保护层	±3	钢尺检查
		间距	±10	尺量两端、中间各一点,取其最大值
		排距	±5	取最大值
4	钢筋弯起点位移	距设计位置	20	钢尺检查
5	预埋件	中心线位移	5	钢尺检查
		水平高差	+3,0	钢尺和塞尺检查
6	绑扎箍筋、横向钢筋间距	间距	±20	钢尺连续量三档,取最大值

9.1.3　独立基础模板质量控制

1. 主控项目

模板及其支架必须有足够的强度、刚度和稳定性;其支架的支撑部分必须有足够的支撑面积。如安装在基土上,基土必须坚实,并有排水措施;对湿陷性黄土,必须有防水措施;对冻胀性土,必须有防冻融措施。

检查方法:对照模板设计,现场观察或尺量检查。

2. 一般项目

(1)模板接缝宽度不得大于1.5 mm。

检查方法:观察和用楔形塞尺检查。

(2)模板接触面清理干净,并采取隔离措施。梁的模板上粘浆和漏刷隔离剂累计面积应不大于400 cm^2。

检查方法:观察和尺量检查。

(3)允许偏差项目可参考表1.14执行。

表 1.14　允许偏差项目

项目	允许偏差/mm		检查方法
	单层、多层	高层框架	
梁轴线位移	5	3	尺量检查
梁板截面尺寸	+4，-5	+2，-5	尺量检查
标高	±5	+2，-5	用水准仪或拉线和尺量检查
相邻两板表面高低差	2	2	用直线或尺量检查
表面平整度	5	5	用 2 m 靠尺和塞尺检查
预留钢板中心线位移	3	3	尺量检查
预留管、预留孔中心线位移	3	3	尺量检查

9.2　钢筋混凝土独立基础施工安全控制

(1)做好安全技术交底工作，要层层落实。施工单位主要负责人依法对本单位的安全生产工作全面负责。施工单位应当建立健全安全生产责任制度和安全生产教育培训制度，制定安全生产规章制度和操作规程，保证本单位安全生产条件所需资金的投入，对所承担的建设工程进行定期和专项安全检查，并做好安全检查记录。

(2)在施工现场安装、拆卸施工起重机械和整体提升脚手架、模板等自升式架设设施，必须由具有相应资质的单位承担。安装、拆卸施工起重机械和整体提升脚手架、模板等自升式架设设施，应当编制拆装方案、制定安全施工措施，并由专业技术人员现场监督。施工起重机械和整体提升脚手架、模板等自升式架设设施安装完毕后，安装单位应当自检，出具自检合格证明，并向施工单位进行安全合用说明，办理验收手续并签字。

(3)垂直运输机械作业人员、安装拆卸工、爆破作业人员、起重信号工、登高架设作业人员等特种作业人员，必须按照国家有关规定经过专门的安全作业培训，并取得特种作业操作资格证书后，方可上岗作业。

(4)作业人员进入新的岗位或者新的施工现场前，应当接受安全生产教育培训。未经教育培训或者教育培训考核不合格的人员，不得上岗作业。施工单位在采用新技术、新工艺、新设备、新材料时，应当对作业人员进行相应的安全生产教育培训。

习　　题

一、不定项选择题

1. 以下(　　)可构成软弱地基。

A. 淤泥　　B. 冲填土　　C. 杂填土　　D. 淤泥质土

2. 开挖深度超过(　　)m，应该视其为深基坑开挖。

A. 4　　B. 5　　C. 6　　D. 7

3. 根据上部结构的需要，独立基础可以设计成为杯口基础，该基础形式适用于(　　)结构。

A. 钢架　　B. 现浇柱　　C. 木　　D. 预制柱

4. 对于地下室，如采用箱形基础或筏形基础时，基础埋置深度自(　　)算起。

A. 地梁顶面标高　　B. 桩顶面标高　　C. 室外地面标高　　D. 室内地面标高

5. 当基础高度(或变阶处高度)不够时，柱传给基础的荷载将使基础发生冲切破坏，即沿柱边大致成(　　)方向的截面被拉开而形成角锥体破坏。

A. 90°　　B. 45°　　C. 30°　　D. 60°

6. 重锤夯实的有效夯实深度可达(　　)左右。

A. 1. 6 m　　B. 1. 8 m　　C. 1. 2 m　　D. 1. 5 m

7. (　　)是施工放线、开挖基坑(基槽)、基础施工、计算基础工程量的依据。

A. 基础施工图　　B. 首层建筑平面图

C. 标准层建筑平面图　　D. 基础详图

8. 独立基础底板受力钢筋一般采用 HRB335 或 HPB300 级钢筋，其最小直径不宜小于(　　)，间距不宜大于(　　)。

A. 8 mm　　B. 300 mm　　C. 10 mm　　D. 200 mm

9. 当有垫层时，受力钢筋的保护层厚度不宜小于 35 mm，无垫层时不宜小于(　　)。

A. 60 mm　　B. 40 mm　　C. 70 mm　　D. 80 mm

10. 独立基础中心测放后，用钢尺复查中心距离是否与图纸尺寸相符合，中心误差控制在(　　)以内。

A. 25 mm　　B. 10 mm　　C. 8 mm　　D. 15 mm

11. Ⅰ级钢筋为光圆钢筋，为了增加其与混凝土锚固的能力，一般在其两端做成(　　)弯钩。

A. 180°　　B. 135°　　C. 45°　　D. 90°

12. 普通混凝土中直径 >22 mm 的钢筋，轻集料混凝土中直径 >20 mm 的Ⅰ级钢筋及直径 >25 mm 的Ⅱ级、Ⅲ级钢筋的接头，均宜采用(　　)。

A. 不连接　　B. 绑扎连接　　C. 焊接　　D. 机械连接

13. 独立基础混凝土质量控制的内容有(　　)。

A. 主控项目　　B. 允许偏差项目　　C. 一般项目　　D. 检验批

14. 下列(　　)钢筋已经被禁止使用了。

A. HPB235　　B. HPB300　　C. HRB400　　D. CRB500

15. 独立基础的标高允许偏差是(　　)mm。

A. 5　　B. 10　　C. 12　　D. 15

二、判断题

1. 基础截面设计验算的主要内容包括基础截面的抗冲切验算和纵、横方向的抗弯验算，并由此确定基础的高度和底板纵、横方向的配筋量。　　(　　)

2. 基础底面面积根据基础底面荷载、地基强度、基础埋深、沉降控制要求等指标共同确定。（　）

3. 基底尺寸求算可采用两种方法：一种是试算法，一种是解析法。（　）

4. 局部软弱土层及暗沟、暗塘的处理，可采用基础加深、基础梁跨越、换土垫层或桩基等方法。（　）

5. 钢筋堆放时，钢筋下部应垫高，离地最少 20 cm 高，以防钢筋锈蚀。（　）

6. 量度差值是指钢筋的外包尺寸与钢筋的中心线长度之间的差值。（　）

7. 一级抗震等级框架梁、屋面框架梁箍筋加密区为：从支座侧边至 $2h_b$（梁截面高度）且≥300 mm 范围。（　）

8. 构件配筋受强度控制时，按代换前后强度相等的原则进行代换，称等面积代换。（　）

9. 独立基础质量检查的内容分为主控项目和一般项目，主控项目抽检的样本要求 100% 合格，一般项目抽检的样本要求 100% 合格。（　）

10. 在施工现场安装、拆卸施工起重机械和整体提升脚手架、模板等自升式架设设施，必须由具有相应资质的单位承担。（　）

三、简答题

1. 请简述软弱地基处理的方法及其分类。

2. 请简述独立基础平面图、详图的产生原理。

3. 请简述软弱地基处理的依据。

4. 请简述计划管理的特点和管理内容。

5. 请简述独立阶梯形基础模板安装的施工工艺要点。

6. 杯形基础支模时应防止中心线不准、杯口模板位移、混凝土浇筑时芯模浮起、拆模时芯模拆不出等现象。支模时可采取什么措施防止以上情况的出现？

7. 请简述独立基础钢筋质量控制的内容。

学习情境2　条形基础的施工

【学习目标】

知识目标	能力目标	权重
了解钢筋混凝土条形基础的设计理论	能理解条形基础的底面积、埋置深度等要素确定的理论方法	0.05
能正确表述软弱地基的基本概念，掌握软弱地基处理的通用方法	具备判断软弱地基的理论知识，能根据现场实际情况选用软弱地基的处理方法	0.10
掌握条形基础结构施工图的识读方法，熟悉条形基础在结构上的基本构造要求	能基本识读条形基础的结构施工图，能熟练地将条形基础的基本构造要求运用到识图过程中，会编织读图纪要和图纸会审纪要	0.15
熟悉条形基础施工人机料计划提出的基本方法	掌握根据施工现场情况提出人机料计划的理论方法	0.05
能熟练表述条形基础定位放线的基本原理和方法	能根据提供的施工图及教材教授的方法，熟练运用相关仪器和工具，将一些简单建筑物的条形基础放在平整好的场地上	0.15
能正确表述钢筋的进场验收步骤、独立基础钢筋翻样的基本方法以及其钢筋的制作、安装方法及相应的施工规范要求等	掌握钢筋进场验收的方法、内容和要求；根据施工图，对钢筋进行翻样并形成钢筋下料单；能正确指导操作人员进行各类构件的钢筋的制作、安装	0.15
能正确表述条形基础模板施工的特点、模板的配板过程、模板的施工方法及施工规范要求等	能正确选用条形基础模板的种类及规格，进行条形基础模板的配板设计，指导条形基础模板的施工(包括模板的定位、安装、检查)	0.15
能正确表述浇筑条形基础混凝土的施工方法及施工规范要求等	指导条形基础的泵送混凝土施工(包括泵站的选择、管道的支设、混凝土的浇筑、检查)	0.10
能正确表述条形基础施工质量的检查方法及质量控制过程，质量安全事故等级划分及处理程序，条形基础施工的安全技术措施，条形基础施工常见的质量事故及其原因	能在条形基础施工过程中正确进行安全控制、质量控制，分析并处理常见质量问题和安全事故；会使用各种检测仪器和工具	0.10
合　计		1.0

【教学准备】

准备各工种(测量工、架子工、钢筋工、混凝土工等)的视频资料(各院校可自行拍摄或向相关出版机构购买),实训基地、水准仪、全站仪、钢管、模板、钢筋等实训场地、机具及材料。

【教学方法建议】

集中讲授、小组讨论方案、制订方案、观看视频、读图正误对比、下料长度计算、基地实训、现场观摩、拓展训练。

【建议学时】

8(4)学时

条形基础是指基础长度远远大于宽度的一种基础形式,如图 2.1 所示。按上部结构分为墙下条形基础和柱下条形基础。基础的长度大于或等于 10 倍基础的宽度。条形基础的特点是,布置在一条轴线上且与两条以上轴线相交,有时也和独立基础相连,但截面尺寸与配筋不尽相同。横向配筋为主要受力钢筋,纵向配筋为分布钢筋,主要受力钢筋布置在下面。

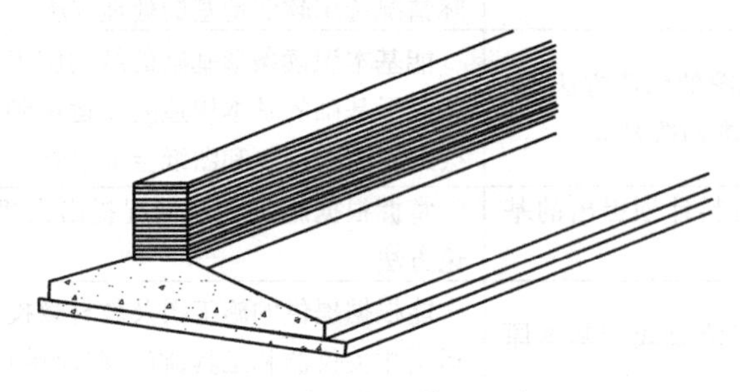

图 2.1　墙下条形基础示意图

墙下条形基础和柱下独立基础(单独基础)统称为扩展基础。扩展基础的作用是把墙或柱的荷载侧向扩展到土中,使之满足地基承载力和变形的要求。扩展基础包括无筋扩展基础和钢筋混凝土扩展基础。

无筋扩展基础系指由砖、毛石、混凝土或毛石混凝土、灰土和三合土等材料组成的无须配置钢筋的墙下条形基础或柱下独立基础。无筋基础的材料都具有较好的抗压性能,但抗拉、抗剪强度都不高,为了使基础内产生的拉应力和剪应力不超过相应的材料强度设计值,设计时需要加大基础的高度。因此,这种基础几乎不发生挠曲变形,故习惯上把无筋基础称为刚性基础。本学习情境主要就钢筋混凝土扩展基础进行详细论述。

任务1　条形基础底面积的确定

1.1　基础埋深及承载力的确定

基础埋置深度一般是指从室外底面标高至基础底面的距离。为了保证基础的安全、变形、稳定及耐久性，基础底面应埋置于设计地面以下一定深度处。在此前提下，基础最好浅埋，以节省工程量与投资，而且便于施工。下面来分析影响基础埋深的因素。

1.1.1　建筑物的用途、类型和基础的构造形式

条形基础是常用于软弱地基上框架或排架结构的一种基础形式。所适用的房屋高度不高，所以其埋深也不会太深。条形基础和上一学习情境提到的独立基础均属于浅基础。

地下水位随季节而变化，考虑到地下水位对施工条件的影响，基础宜埋在地下水位以上；当必须埋在地下水位以下时，应采取地基土在施工时不受扰动的措施，如采用基坑排水、坑壁围护等。还应考虑地下水对基础材料的浸蚀作用及其防护措施。如果持力层为黏土等隔水层，基坑底隔水层的自重应大于水的压力，$\gamma h_0 > \gamma_w h$，即挖基槽时基槽底下应保留足够的隔水层厚度，如图2.1所示。

$$h_0 > \gamma_w h / \gamma \tag{2.1}$$

式中　γ、γ_w——隔水层与水的重度。

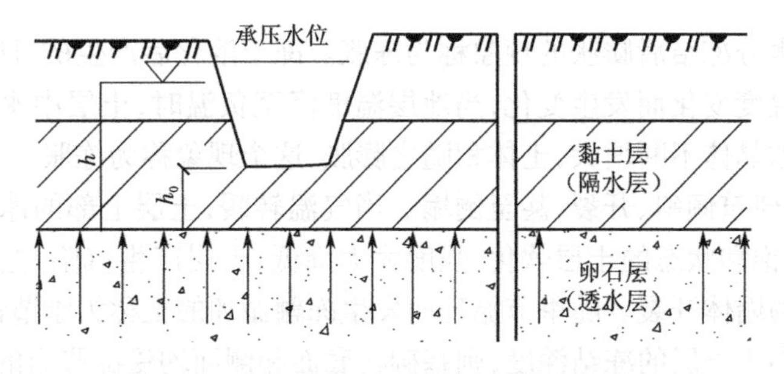

图2.1　有承压水时地下水的浮托作用示意

1.1.2　基础上荷载大小、性质及有无地下设施

上部荷载的大小与性质对基础埋深有十分重要的影响。例如，某土层对较小荷载是较适宜的持力层，对较大荷载则可考虑选择更深的土层作为持力层。如果荷载很大，浅地层地基已经不适宜，则可考虑采用其他基础形式。如果基础在承受竖向荷载的同时还承受水平和其他方向的荷载作用，则应加大埋深，加强土对基础的稳固作用。

当基础布置范围内有地下设施时(如管道等),应尽量避免交叉冲突。若不能避开,宜使基础埋置于设施下面,以免基础将来可能的变形对设施造成的不利影响。否则,应采取可靠措施,防止不利影响的发生。

1.1.3 相邻建筑物的基础埋置深度

为了防止在施工期间造成对相邻原有建筑物安全和正常使用上的不利影响,基础埋深不宜深于原有相邻建筑基础。如不能满足这样要求,则与原有基础保持一定净距 L,其数值根据荷载大小及土质情况而定,一般不小于相邻两基础高差 ΔH 的 1 ~ 2 倍,如图 2.2 所示。如果不能满足此要求,则应采取预防措施,如分段施工、临时加固支撑、打设板桩、修筑地下连续墙和加固原有建筑物地基等。

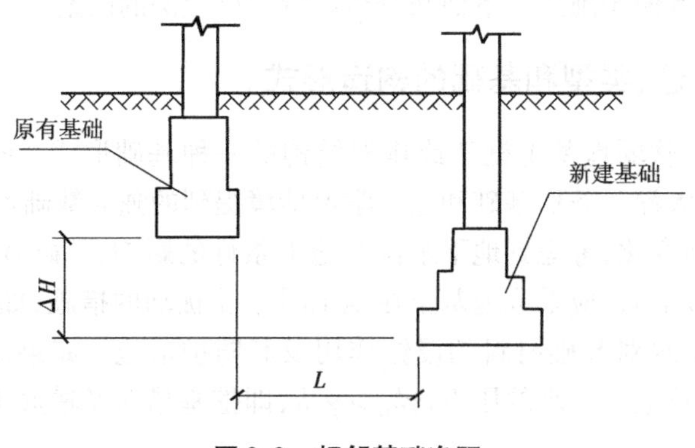

图 2.2 相邻基础净距

1.1.4 地基土冻胀的影响

土体积随土中水分冻结后膨胀的现象称为冻胀。冻土溶化后产生的沉陷称为融陷。地面下土层温度随大气温度变化而发生变化,当地层温度降至负温时,土层中水冻结,土因此而变成冻土。冻结后的冰晶体不断增大,土体积随之膨胀,这个现象称为冻胀。冻胀可使土层上的建筑物被抬起,引起建筑倾斜、开裂,甚至倒塌。当气温转暖,土层上部的冰晶体融化,使土中含水量大大增加,呈饱和状态的土层软化,强度大大降低,土层产生沉陷,这个现象叫作融陷。融陷也会使得建筑物墙体开裂。随季节循环而发生冻融循环的土称为季节性冻土。

如果基础埋深小于土层的冻结深度,则基础在底面和侧面均受冻胀力的向上的作用;如果基础埋深大于土层冻结深度,则基础底面不受冻胀力的作用。确定基础埋深应考虑地基的冻胀性,季节性冻土地基的设计冻深 Z_d 应按下式计算:

$$Z_d = Z_0 \times \Psi_{zs} \times \Psi_{zw} \times \Psi_{ze} \tag{2.2}$$

式中 Z_d——设计冻深,若当地有多年实测资料时,也可按 $Z_d = h' - \Delta z$ 计算,h' 和 Δz 分别为实测冻土层的厚度和地表冻胀量;

Z_0——标准冻深,系采用在地表平坦、裸露,城市之外的空旷场地中不少于 10 年实测最大冻深的平均值,当无实测资料时,按《建筑地基基础设计规范》(GB 50007—

2011)附录F采用；

Ψ_{zs}——土的类别对冻深的影响系数，按照表2.1选取；

Ψ_{zw}——土的冻胀性对冻深的影响系数，按照表2.2选取；

Ψ_{ze}——环境对冻深的影响系数，按照表2.3选取。

表2.1　土的类别对冻深的影响系数

土的类别	影响系数 Ψ_{zs}
黏性土	1.00
细砂、粉砂、粉土	1.20
中砂、粗砂、砾砂	1.30
碎石土	1.40

表2.2　土的冻胀性对冻深的影响系数

冻胀性	影响系数 Ψ_{zw}
不冻胀	1.00
弱冻胀	0.95
冻胀	0.90
强冻胀	0.85
特强冻胀	0.80

表2.3　环境对冻深的影响系数

周围环境	影响系数 Ψ_{ze}
村、镇、旷野	1.00
城市近郊	0.95
城市市区	0.90

当建筑基础底面之下允许有一定厚度的冻土层，可用下式计算基础的最小深度：

$$D_{min} = Z_d - h_{max} \tag{2.3}$$

式中　h_{max}——基础底面下允许残留冻土层的最大厚度，按表2.4选取。

表 2.4　建筑基底下允许残留冻土层厚度 h_{max}　m

基底平均压力/kPa			90	110	130	150	170	190	210
冻胀性	基础形式	采暖情况							
弱冻胀土	方形基础	采暖	—	0.94	0.99	1.04	1.11	1.15	1.20
		不采暖	—	0.78	0.84	0.91	0.97	1.04	1.10
	条形基础	采暖	—	>2.50	>2.50	>2.50	>2.50	>2.50	>2.50
		不采暖	—	2.20	2.50	>2.50	>2.50	>2.50	>2.50
冻胀土	方形基础	采暖	—	0.64	0.70	0.75	0.81	0.86	—
		不采暖	—	0.55	0.60	0.65	0.69	0.74	—
	条形基础	采暖	—	1.55	1.79	2.03	2.26	2.50	—
		不采暖	—	1.15	1.35	1.55	1.75	1.95	—
强冻胀土	方形基础	采暖	—	0.42	0.47	0.51	0.56	—	—
		不采暖	—	0.36	0.40	0.43	0.47	—	—
	条形基础	采暖	—	0.74	0.88	1.00	1.13	—	—
		不采暖	—	0.56	0.66	0.75	0.84	—	—
特强冻胀土	方形基础	采暖	0.30	0.34	0.38	0.41	—	—	—
		不采暖	0.24	0.27	0.31	0.34	—	—	—
	条形基础	采暖	0.43	0.52	0.61	0.70	—	—	—
		不采暖	0.33	0.40	0.47	0.53	—	—	—

注:①本表只计算法向冻胀力,如果基侧存在切向冻胀,应采取防切向力措施;

②本表不适用于宽度小于 0.6 m 的基础,矩形基础可取短边尺寸按方形基础计算;

③表中数据不适用于淤泥、淤泥质土和欠固结土;

④表中基底平均压力数值为永久荷载标准值乘以 0.9,可以内插。

当有充分依据时,基底下允许残留冻土层厚度可根据当地经验确定。在冻胀、强冻胀、特强冻胀地基上,应采用下列措施。

(1)对在地下水位以上的基础,基础侧面应回填非冻胀性的中砂或粗砂,其厚度不应小于 100 mm;对在地下水位以下的基础,可采用桩基础、自锚式基础(冻土层下有扩大板或扩底短桩)或采取其他有效措施。

(2)宜选择地势高、地下水位低、地表排水良好的建筑场地;对低洼场地,宜在建筑四周向外 1 倍冻深距离范围内,使室外地坪至少高出自然地面 300 ~ 500 mm。

(3)防止雨水、地表水、生产废水、生活污水浸入建筑地基,并应设置排水措施。在山区应设置截水沟或在建筑物下设置暗沟,以排走地表水和潜流水。

(4)在强冻胀性和特强冻胀性的基础上,其基础结构应设置钢筋混凝土圈梁和基础梁,并控制上部建筑的长高比，增强房屋的整体刚度。

(5)当独立基础联系梁下或桩基础承台下有冻土时，应在梁或承台下留着相当于该土层冻胀量的空隙，以防止因土的冻胀将梁或承台拱裂。

(6)外门斗、室外台阶和散水坡度等部位宜与主体结构断开，散水坡分段不宜超过1.5 m，坡度不宜小于3%，其下宜填入非冻胀性材料。

(7)对跨年度施工的建筑，入冬前应对地基采取相应的防护措施；对于在冬季进行施工的建筑物，当冬季不能正常采暖时，也应对地基采取保温措施。

钢筋混凝土条形基础的地基承载力的确定方法与独立基础的地基承载力的确定方法基本一致，在这里主要讲软弱下卧层承载力的验算，这对于独立基础同样适用。

当地基受力层范围内有软弱下卧层时，如图2.3所示，应验算下卧层顶面承载力是否足够，即验算作用在其顶面的自重应力与附加应力之和是否小于修正后的承载力特征值。按下式验算：

$$p_z + p_{cz} \leqslant f_{az} \tag{2.4}$$

式中　p_z——相应于荷载效应标准组合时，软弱下卧层顶面处的附加压力值；

p_{cz}——软弱下卧层顶面处土的自重压力值；

f_{az}——软弱下卧层顶面处经深度修正后地基承载力特征值。

对条形基础和矩形基础，上式中的p_z值可按下列公式简化。

条形基础：

$$p_z = b(p_k - p_c)/(b + 2z\tan\theta) \tag{2.5}$$

式中　p_k——相应于荷载效应标准组合时，基础底面处的平均压力值；

p_c——基础底面处土的自重压力标准值；

b——矩形基础和条形基础底边的宽度；

z——基础底面至软弱下卧层顶面的距离；

θ——地基压力扩散线与垂直线的夹角，可按表2.5选取。

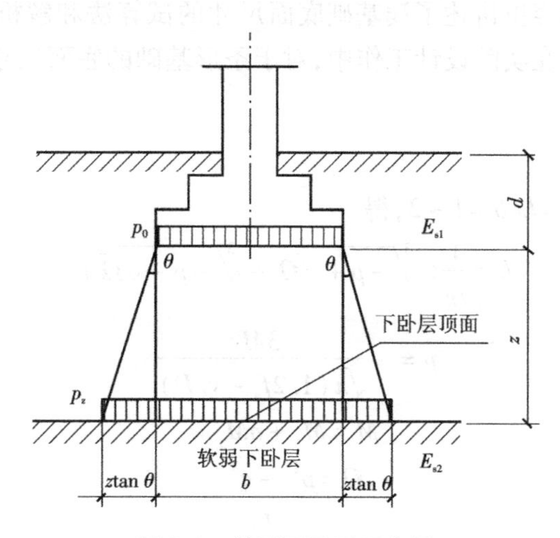

图2.3　软弱下卧层示意图

独立基础：

$$p_z = Lb(p_k - p_c)/[(b+2z\tan\theta)(L+2z\tan\theta)] \tag{2.6}$$

式中　L——矩形基础底边的长度。

表 2.5　地基压力扩散角 θ

E_{s1}/E_{s2}	z/b	
	0.25	0.50
3	6°	23°
5	10°	25°
10	20°	30°

注：①E_{s1}为上层土压缩模量，E_{s2}为下层土压缩模量；

②$z/b<0.25$时，一般取0°，必要时，宜由试验确定；

③$z/b>0.50$时，θ值不变。

1.2　条形基础底面积的确定

当基础埋深和地基承载力初步确定以后，就可以根据上部荷载进行基础底面尺寸的设计。基础底面尺寸一般根据持力层地基承载力初步确定，再进行验算。上一学习情境讲述了独立基础轴心受压和偏心受压时，其地基承载力和基础底面尺寸的确定方法。本节内容主要讲述条形基础的底面尺寸的确定方法。条形基础的地基承载力可参考独立基础的相关内容。

1.2.1　解析法

在独立基础的相关内容里讲述了浅基础底面尺寸的试算法和解析法，并且详细介绍了试算法的计算方法和步骤。在实际设计工作中，对于条形基础的底面尺寸的确定，通常采用解析法进行相关计算。

1. 矩形基础

先设定一个长宽比 $n=L/b=1\sim2$，得

$$b \geqslant \frac{1}{\sqrt{n}}\left(\sqrt[3]{-p+\sqrt{\Omega}}+\sqrt[3]{-p-\sqrt{\Omega}}\right) \tag{2.7}$$

其中

$$p=-\frac{3M}{\sqrt{n}(1.2f_a-\gamma_G D)}$$

$$M=M_x+nM_y$$

$$\Omega=p^2+q^3$$

$$q=-\frac{F_k}{3(1.2f_a-\gamma_G D)}$$

按照上式求出的基底宽度 b 及长度 $L=nb$，它是在取定的 n 值下，以偏心距 $e=L/6$（即满足式(1.15)）前提推导出来的，因此应验算是否满足式(1.13)。这一验算也可以由下面的式子进行，即

$$\frac{F_k+G_k}{Af_a}\geqslant 0.6 \tag{2.8}$$

上式是由应满足 $p_{kmax}=1.2f_a$ 及 $p_{kmin}\geqslant 0$ 推导出来的。

如果按式(2.7)不能求出 b，说明荷载较小，用不着按偏心受压方法求解，而只按轴心受压方法求算 b 和 l 即可。

如果不满足式(1.15)或者式(2.8)，则可调整 n 值再行求算；或由式(1.12)和式(1.15)求算满足 $e\leqslant L/6$ 的最小基础底面尺寸，即

$$b_{min}=\frac{1}{\sqrt{n}}\left(\sqrt[3]{-p+\sqrt{\Omega}}+\sqrt[3]{-p-\sqrt{\Omega}}\right) \tag{2.9}$$

$$p=\frac{3M}{\gamma_G D\sqrt{n}}$$

$$M=M_x+nM_y$$

$$\Omega=p^2+q^3$$

$$q=\frac{F_k}{3\gamma_G D}$$

2.条形基础

在基础纵向取延米进行计算（取 $L=1$ m），按上述同样的方法可求得

$$b\geqslant\frac{-F_k+\sqrt{F_k^2-24M(1.2f_a-\gamma_G D)}}{2(1.2f_a-\gamma_G D)} \tag{2.10}$$

与矩形基础一样，如果按式(2.10)不能求出 b，或者不满足式(1.15)或式(2.8)，则可由式(1.12)和式(1.15)求算满足 $e\leqslant L/6$ 的最小基础底面尺寸，即

$$b\geqslant\frac{-F_k+\sqrt{F_k^2+24M\gamma_G D}}{2\gamma_G D} \tag{2.11}$$

以上求出的基础底面尺寸尚应满足式(1.5)的要求。

1.2.2　柱下条形基础底面积确定的方法

条形基础简化计算有静力平衡法和倒梁法两种，它们是一种不考虑地基与上部结构变形协调条件的实用简化法，也即当柱荷载比较均匀，柱距相差不大，基础与地基相对刚度较大，以致可忽略柱下不均匀沉降时，假定基底反力按线性分布，仅进行满足静力平衡条件下梁的计算。

1.静力平衡法

静力平衡法是假定地基反力按直线分布，不考虑上部结构刚度的影响，根据基础上所有的作用力，按静定梁计算基础梁内力的简化计算方法。静力平衡法的设计思路如下。

先确定基础梁纵向每米长度上地基净反力设计值，其最大值为 $p_{jmax}\times b$，最小值为 $p_{jmin}\times b$，若地基净反力为均布则为 $p_j\times b$，如图 2.4 和图 2.5 中虚线所示。

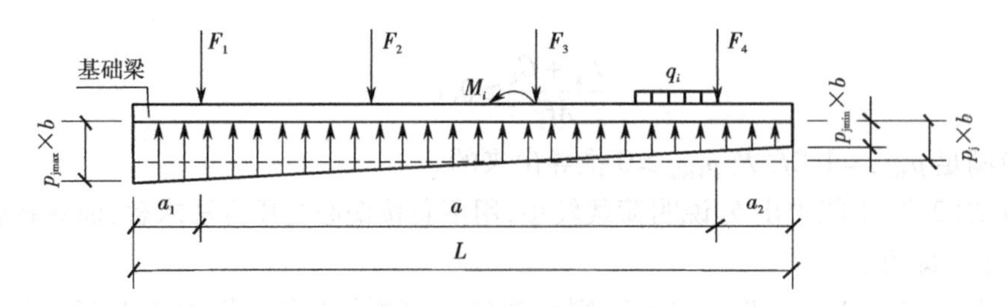

图 2.4　地基净反力示意图

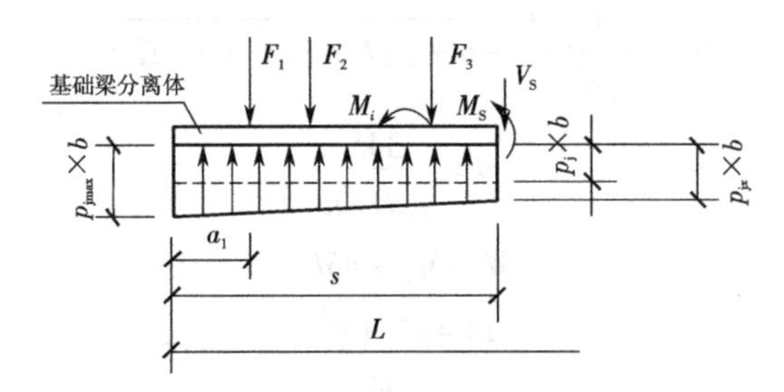

图 2.5　地基净反力脱离体示意图

对基础梁从左至右取分离体，列出分离体上竖向力平衡方程和弯矩平衡方程，求解梁纵向任意截面处的弯矩 M_S和剪力 V_S，一般设计只求出梁各跨最大弯矩和各支座弯矩及剪力即可。

下面讲述静力平衡法计算柱下条形基础的具体步骤。

1）确定合理的基础长度

为使计算方便，并使各柱下弯矩和跨中弯矩趋于平衡，以利于节约配筋，一般将偏心地基净反力（即梯形分布净反力）化成均布，需要求得一个合理的基础长度。当然也可直接根据梯形分布的净反力和任意确定的基础长度计算基础。基础的纵向地基净反力为

$$p_{jmin}^{jmax}=\frac{\sum F_i}{bL}\pm\frac{6\sum M}{bL^2} \tag{2.12}$$

式中　p_{jmax}、p_{jmin}——基础纵向边缘处最大和最小净反力设计值；

$\sum F_i$——作用于基础上各竖向荷载合力设计值（不包括基础自重和其上覆土重但包括其他局部均布 q_i）；

$\sum M$——作用于基础上各竖向荷载（F_i，q_i）、纵向弯矩（M_i）对基础底板纵向中点产生的总弯矩设计值；

L——基础长度；

b——基础底板宽度（先假定，后验算）。

当 p_{jmax}与 p_{jmin}相差不大于 10% 时，可近似地取其平均值作为均布地基反力，直接定出基础悬臂长度 $a_1=a_2$（按构造要求为第一跨距的 1/4～1/3），很方便地就确定了合理的基础长度

L;如果 p_{jmax} 与 p_{jmin} 相差较大时,常通过调整一端悬臂长度 a_1 或 a_2,使合力 $\sum F_i$ 的重心恰为基础的形心(工程中允许两者误差不大于基础长度的3%),从而使 $\sum M$ 为0,反力从梯形分布变为均布。求 a_1 和 a_2 的过程如下。

先求合力的作用点距左起第一柱的距离:

$$x = \frac{\sum F_i x_i + \sum M_i}{\sum F_i} \tag{2.13}$$

式中　$\sum M_i$——作用于基础上各纵向弯矩设计值之和;

x_i——各竖向荷载 F_i 距 F_1 的距离。

当 $x \geqslant a/2$ 时,基础长度 $l = 2(x + a_1)$,$a_2 = L - a - a_1$。

当 $x < a/2$ 时,基础长度 $l = 2(a - x + a_2)$,$a_1 = L - a - a_2$。

按上述确定 a_1 和 a_2 后,使偏心地基净反力变为均布地基净反力,其值为

$$p_j = \frac{\sum F_i}{bL} \tag{2.14}$$

式中　p_j——均布地基净反力设计值。

由此也可得到一个合理的基础长度 L。

2)确定基础底板宽度 b

由确定的基础长度 L 和假定的底板宽度 b,根据地基承载力设计值 f,一般可按两个方向分别进行如下验算,从而确定基础底板宽度 b。

基础底板纵向边缘地基反力

$$p_{\min}^{\max} = \frac{\sum F_i + G}{bL} \pm \frac{6\sum M}{bL^2} \tag{2.15}$$

应满足

$$\left.\begin{aligned} & p_{\min}^{\max} \leqslant 1.2f \\ & \frac{p_{\max} + p_{\min}}{2} \leqslant f \end{aligned}\right\} \tag{2.16}$$

基础底板横向边缘地基反力

$$p'^{\max}_{\min} = \frac{\sum F_i + G}{bL} \pm \frac{6\sum M'}{bL^2} \tag{2.17}$$

应满足

$$\left.\begin{aligned} & p'^{\max}_{\min} \leqslant 1.2f \\ & \frac{p'_{\max} + p'_{\min}}{2} \leqslant f \end{aligned}\right\}$$

式中　$p_{\max}$、$p_{\min}$——基础底板纵向边缘处最大和最小地基反力设计值;

$p'_{\max}$、$p'_{\min}$——基础底板横向边缘处最大和最小地基反力设计值;

G——基础自重设计值和其上覆土重标准值之和,可近似取 $G = 20bLD$,D 为基础埋深,

但在地下水位以下部分应扣去浮力；

$\sum M'$——作用于基础上各竖向荷载、横向弯矩对基础底板横向中点产生的总弯矩设计值。

其余符号同前述。

当 $\sum M'=0$ 时，则只需验算基础底板纵向边缘地基反力。

当 $\sum M=0$ 时，则只需验算基础底板横向边缘地基反力。

当 $\sum M=0$ 且 $\sum M'=0$ 时（即地基反力为均布时），则按下式验算，很快就可确定基础底板宽度 b：

$$p=\frac{\sum F_i+G}{bL}\leqslant f\Rightarrow b\geqslant\frac{\sum F_i}{L(f-20D)} \tag{2.18}$$

式中 p——均布地基反力设计值；

G——静力平衡法适用条件。

地基压缩性和基础荷载分布都比较均匀，基础高度大于柱距的1/6或平均柱距满足 $L_m\leqslant 1.75/\lambda$，其中

$$\lambda=\sqrt[4]{\frac{k_s b_0}{4E_c I_L}}$$

式中 k_s——基床系数，可按 $k_s=p_0/S_0$ 计算（p_0 为基础底面平均附加压力标准值，S_0 为以 p_0 计算的基础平均沉降量），也可参照各地区性规范按土类名称及其状态已给出的经验值；

b_0、I_L——基础梁的宽度和截面惯性矩；

E_c——混凝土的弹性模量。

且上部结构为柔性结构时的柱下条形基础和联合基础，用此法计算比较接近实际。

2. 倒梁法

倒梁法是假定上部结构完全刚性，各柱间无沉降差异，将柱下条形基础视为以柱脚作为固定支座的倒置连续梁，以线性分布的基础净反力作为荷载，按多跨连续梁计算法求解内力的计算方法。

1）倒梁法具体步骤

（1）用弯矩分配法或弯矩系数法计算出梁各跨的初始弯矩和剪力。弯矩系数法比弯矩分配法简便，但它只适用于梁各跨度相等且其上作用均布荷载的情况，它的计算内力表达式为

$$M=\text{弯矩系数}\times p_j\times b\times L \tag{2.19}$$

$$V=\text{剪力系数}\times p_j\times b\times L \tag{2.20}$$

如前述，$p_j\times b$ 即是基础梁纵向每米长度上地基净反力设计值。式中弯矩系数和剪力系数按所计算的梁跨数和其上作用的均布荷载形式，直接从建筑结构静力计算手册中查得；L 为梁跨长度，其余符号同前述。

（2）调整不平衡力。由于倒梁法中的假设不能满足支座处静力平衡条件，因此应通过逐

次调整消除不平衡力。

首先,由支座处柱荷载 F_i 和求得的支座反力 R_i 计算不平衡力 ΔR_i:

$$\Delta R_i = F_i - R_i \tag{2.21}$$

$$R_i = V_{左i} - V_{右i} \tag{2.22}$$

式中　ΔR_i——支座 i 处不平衡力;

$V_{左i}$、$V_{右i}$——支座 i 处梁截面左、右边剪力。

其次,将各支座不平衡力均匀分布在相邻两跨的各1/3跨度范围内,如图2.6所示。(实际上是调整地基反力使其成阶梯形分布,更趋于实际情况,这样各支座上的不平衡力自然也就得到了消除)Δq_i按下式计算。

对于边跨支座:

$$\Delta q_i = \Delta R_1/(a_1 + L_1/3) \tag{2.23}$$

对于中间支座:

$$\Delta q_i = \Delta R_i/(L_{i-1}/3 + L_i/3) \tag{2.24}$$

式中　Δq_i——支座 i 处不平衡均布力;

L_{i-1}、L_i——支座 i 左、右跨长度。

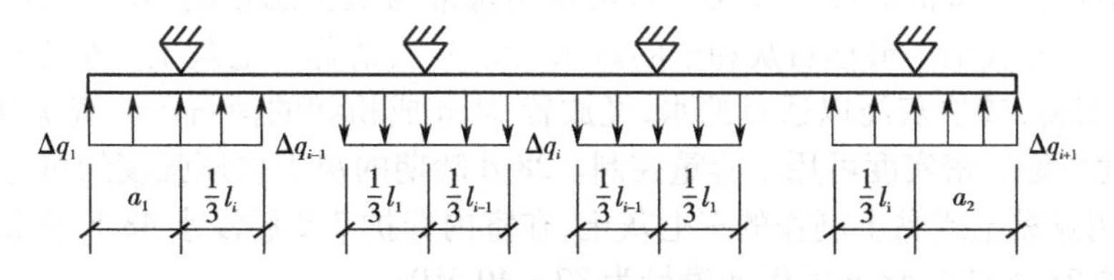

图2.6　调整不平衡力荷载 Δq_i

继续用弯矩分配法或弯矩系数法计算出此种情况的弯矩和剪力,并求出其支座反力与原支座反力叠加,就可得到新的支座反力。

重复上述步骤,直至不平衡力在计算容许精度范围内。一般经过一次调整就基本上能满足所需精度要求了(不平衡力控制在不超过20%)。

将逐次计算结果叠加即可得到最终弯矩和剪力。

2)倒梁法的适用条件

地基压缩性和基础荷载分布都比较均匀,基础高度大于柱距的1/6或平均柱距满足 $L_m \leqslant 1.75/\lambda$(符号同静力平衡法所述),且上部结构刚度较好时的柱下条形基础,可按倒梁法计算。

基础梁的线刚度大于柱子线刚度的3倍,即

$$\frac{E_c I_L}{L} > 3\,\frac{E_c I_Z}{H} \tag{2.25}$$

式中　E_c——混凝土弹性模量;

I_L——基础梁截面惯性矩;

H、I_Z——上部结构首层柱子的计算高度和截面惯性矩。

当各柱的荷载及各柱的柱距相差不多时,也可按倒梁法计算。

任务2 对山区软弱地基及其他软弱地基的处理

上一学习情境对山区软弱地基的特性及其他软弱地基的处理方法做了简要的介绍。本任务将具体介绍一些软弱地基的加固处理办法。

2.1 灰土地基

2.1.1 灰土的基本概念

土壤和石灰是组成灰土的两种基本成分。黏性土壤颗粒细、活性大,因此强度比砂性土壤高。一般情况下,以黏性土配制的灰土强度比砂性土配制的强度高1~2倍。房渣土作为灰土的土料也是可用的,但必须过筛。用它配制的灰土强度并不比其他土壤配制的低,有时反而较高,因房渣土中含有较多的活性矿物质。石灰粉用量常为灰土总量的10%~30%,即一九灰土、二八灰土和三七灰土。最佳石灰和土的体积比为3:7,俗称三七灰土。灰土用的石灰最好选用磨细生石灰粉,或块灰浇以适量的水,经放置24 h成粉状的消石灰。密实度高的灰土强度高,水稳定性也好。密实度可用干容重控制。28 d龄期的灰土抗压强度约可达到0.5~0.7 MPa。不论是用亚黏土或黏土制作的三七灰土,在室内养护7 d后浸水48 h的形变模量为10~15 MPa,养护28 d浸水48 h的形变模量为32~40 MPa。

石灰和土必须过筛。土的粒径不得大于15 mm,灰粒不得大于5 mm,须拌和均匀,并控制最佳含水量作为灰土的含水标准。灰土下入基槽前,应先将基槽底部夯打一遍,然后将拌好的灰土按指定的地点倒入槽内,但不得将灰土顺槽帮流入槽内。用人工夯筑灰土时,第一层铺虚土250 mm,第二层为220 mm,以后各层为210 mm,夯实后均为150 mm。采用蛙式夯铺虚土200~250 mm。夯实是保证灰土基础质量的关键。施工工具过去沿用木夯与铁硪。夯打时要求夯窝、硪花各自相互搭接。夯的遍数以使灰土的干容重达到规范所规定的数值为准。夯打完毕后及时加以覆盖,防止日晒雨淋。

灰土基础适合于5层和5层以下、地下水位较低的砌体结构房屋和墙体承重的工业厂房。灰土基础的厚度与建筑层数有关。4层及4层以上的建筑物,一般采用450 mm;3层及以下的建筑物,一般采用300 mm,夯实后的灰土厚度每150 mm称"一步"灰土,300 mm可称为"两步"灰土。

2.1.2 灰土地基的施工

1. 施工准备

1)材料准备

土:宜优先采用基槽中挖出的土,但不得含有有机杂物,使用前应先过筛,其粒径不大于15 mm。含水量应符合规定。

石灰：应用块灰或生石灰粉；使用前应充分熟化过筛，不得含有粒径大于5 mm的生石灰块，也不得含有过多的水分。

2）机具准备

一般应备有木夯、蛙式或柴油打夯机、手推车、筛子（孔径6～10 mm和16～20 mm两种）、标准斗、靠尺、耙子、平头铁锹、胶皮管、小线和木折尺等。

3）技术条件

（1）基坑（槽）在铺灰土前必须先行钎探验槽，并按设计和勘探部门的要求处理完地基，办完隐检手续。

（2）基础外侧打灰土，必须对基础，地下室墙和地下防水层、保护层进行检查，发现损坏时应及时修补处理，办完隐检手续。现浇的混凝土基础墙、地梁等均应达到规定的强度，不得碰坏损伤混凝土。

（3）当地下水位高于基坑（槽）底时，施工前应采取排水或降低地下水位的措施，使地下水位经常保持在施工面以下0.5 m左右，在3 d内不得受水浸泡。

（4）施工前应根据工程特点、设计压实系数、土料种类、施工条件等，合理确定土料含水量控制范围、铺灰土的厚度和夯打遍数等参数。重要的灰土填方参数应通过压实试验来确定。

（5）房心灰土和管沟灰土，应先完成上下水管道的安装或管沟墙间加固等措施后，再进行铺垫；并且将管沟、槽内、地坪上的积水或杂物、垃圾等有机物清除干净。

（6）施工前，应做好水平高程的标志。如在基坑（槽）或管沟的边坡上每隔3 m钉上灰土上平的木橛，在室内和散水的边墙上弹上水平线或在地坪上钉好标高控制的标准木桩。

2. 操作工艺

（1）工艺流程：检验土料和石灰粉的质量并过筛→灰土拌和→槽底清理→分层铺灰土→夯打密实→找平验收。

（2）首先检查土料种类和质量以及石灰材料的质量是否符合标准的要求，然后分别过筛。块灰闷制的熟石灰要用6～10 mm的筛子过筛；生石灰粉可直接使用；土料要用16～20 mm筛子过筛，以确保对粒径的要求。

（3）灰土拌和：灰土的配合比应用体积比，除设计有特殊要求外，一般为2∶8或3∶7。基础垫层灰土必须过标准斗，严格控制配合比。拌和时必须均匀一致，至少翻拌两次，拌和好的灰土颜色应一致。

（4）灰土施工时，应适当控制含水量。工地检验方法是：用手将灰土紧握成团，两指轻捏即碎为宜。如土料水分过大或不足时，应晾干或洒水润湿。

（5）基坑（槽）底或基土表面应清理干净，特别是槽边掉下的虚土，风吹入的树叶、木屑、纸片、塑料袋等垃圾杂物。

（6）分层铺灰土：每层的灰土铺摊厚度，根据不同的施工方法，按表2.6选用。

表 2.6　灰土最大虚铺厚度

项次	夯具的种类	质量/kg	虚铺厚度/mm	备　注
1	木夯	40～80	200～250	人力打夯,落高 400～500 mm,一夯压半夯
2	轻型夯实工具	—	200～250	蛙式打夯机、柴油打夯机
3	压路机	机重 6～10 t	200～300	双轮

各层铺摊后均应用木耙找平,与坑(槽)边壁上的木橛或地坪上的标准木桩对应检查。

(7)夯打密实:夯打(压)的遍数应根据设计要求的干土质量密度或现场试验确定,一般不少于 3 遍。人工打夯应一夯压半夯,夯夯相接,行行相接,纵横交叉。

(8)灰土分段施工时,不得在墙角、柱基及承重窗间墙下接槎,上下两层灰土的接槎距离不得小于 500 mm。

(9)灰土回填每层夯(压)实后,应根据《建筑地基处理技术规范》(JGJ 79—2012)规定进行环刀取样,测出灰土的质量密度,达到设计要求时,才能进行上一层灰土的铺摊。

用贯入度仪检查灰土质量时,应先进行现场试验以确定贯入度的具体要求。环刀取土的压实系数一般要求为 0.93～0.95,也可按照表 2.7 的规定执行。

表 2.7　灰土质量密度标准

项次	土料种类	灰土最小质量密度/(g/cm³)
1	轻亚黏土	1.55
2	亚黏土	1.50
3	黏土	1.45

(10)找平与验收:灰土最上一层完成后,应拉线或用靠尺检查标高和平整度,超高处用铁锹铲平;低洼处应及时补打灰土。

3. 雨、冬期施工

(1)基坑(槽)或管沟灰土回填应连续进行,尽快完成。施工中应防止地面水流入槽坑内,以免边坡塌方或基土遭到破坏。

(2)雨天施工时,应采取防雨或排水措施。刚打完毕或尚未夯实的灰土,如遭雨淋浸泡,则应将积水及松软灰土除去,并重新补填新灰土夯实,受浸湿的灰土应在晾干后,再夯打密实。

(3)冬期打灰土的土料,不得含有冻土块,要做到随筛、随拌、随打、随盖,认真执行留搓、接搓和分层夯实的规定。在土壤松散时可允许洒盐水。气温在 −10 ℃以下时,不宜施工,并且要有冬季施工方案。

2.1.3　质量标准

1. 保证项目

(1)基底的土质必须符合设计要求。

(2)灰土的干土质量密度或贯入度必须符合设计要求和施工规范的规定。

2. 基本项目

(1)配料正确,拌和均匀,分层虚铺厚度符合规定,夯压密实,表面无松散、起皮。

(2)留槎和接槎。分层留接槎的位置、方法正确,接槎密实、平整。

3. 允许偏差项目

允许偏差项目见表2.8。

表2.8　灰土地基允许偏差

项次	项目	允许偏差/mm	检验方法
1	顶面标高	±15	用水平仪或拉线和尺量检查
2	表面平整度	15	用2 m靠尺和楔形塞尺检查

2.1.4　成品保护

(1)施工时应注意妥善保护定位桩、轴线桩,防止碰撞位移,并应经常复测。

(2)对基础、基础墙或地下防水层、保护层以及从基础墙伸出的各种管线,均应妥善保护,防止回填灰土时碰撞或损坏。

(3)夜间施工时,应合理安排施工顺序,要配备足够的照明设施,防止铺填超厚或配合比错误。

(4)灰土地基打完后,应及时进行基础的施工和地坪面层的施工,否则应临时遮盖,防止日洒雨淋。

2.1.5　常见质量问题及原因

(1)未按要求测定干土的质量密度:灰土回填施工时,切记每层灰土夯实后都得测定干土的质量密度,符合要求后,才能铺摊上层的灰土;并且在试验报告中,注明土料种类、配合比、试验日期、层数(步数)、结论、试验人员签字等。密实度未达到设计要求的部位,均应有处理方法和复验结果。

(2)留、接槎不符合规定:灰土施工时严格执行留、接槎的规定。当灰土基础标高不同时,应作成阶梯形,上下层的灰土接槎距离不得小于500 mm。接槎的槎子应垂直切齐。

(3)生石灰块熟化不良:没有认真过筛,颗粒过大,造成颗粒遇水熟化体积膨胀,会将上层垫层、基础拱裂。务必认真对待熟石灰的过筛要求。

(4)灰土配合比不准确:土料和熟石灰没有认真过标准斗,或将石灰粉洒在土的表面,拌和也不均匀,均会造成灰土地基软硬不一致,干土质量密度也相差过大。应认真做好计量工作。

(5)房心灰土表面平整偏差过大,致使地面混凝土垫层过厚或过薄,造成地面开裂、空鼓。认真检查灰土表面的标高及平整度。

(6)雨、冬期不宜做灰土工程,适当考虑修改设计。否则应编好分项雨季、冬期施工方案;施工时严格执行施工方案中的技术措施,防止造成灰土水泡、冻胀等质量返工事故。

2.2 砂石地基

2.2.1 砂石地基的基本概念

砂和砂石垫层是采用砂和砾石(碎石)混合物,经分层夯实,作为地基的持力层,提高基础下部地基的强度,并通过垫层的压力扩散作用,降低地基的压应力,减小变形量。砂石层还可以起到排水的作用,地基土中孔隙水可通过垫层快速地排出,能加速下部土层的沉降和固结。

2.2.2 灰土地基的施工

1.施工准备

1)材料准备

(1)天然级配砂石或人工级配砂石:宜采用质地坚硬的中砂、粗砂、砾砂、碎(卵)石、石屑或其他工业废粒料。在缺少中、粗砂和砾石的地区,可采用细砂,但宜同时掺入一定数量的碎石或卵石,其掺量应符合设计要求。颗粒级配应良好。

(2)级配砂石材料,不得含有草根、树叶、塑料袋等有机杂物及垃圾。用做排水固结地基时,含泥量不宜超过3%。碎石或卵石最大粒径不得大于垫层或虚铺厚度的2/3,并不宜大于50 mm。

2)机具准备

一般应备有木夯、蛙式或柴油打夯机、推土机、压路机(6~10 t)、手推车、平头铁锹、喷水用胶管、2 m靠尺、小线或细铅丝、钢尺或木折尺等。

3)技术条件

(1)设置控制铺筑厚度的标志,如水平标准木桩或标高桩,或在固定的建筑物墙上、槽和沟的边坡上弹水平标高线或钉水平标高木橛。

(2)在地下水位高于基坑(槽)底面的工程中施工时,应采取排水或降低地下水位的措施,使基坑(槽)保持无水状态。

(3)铺筑前,应组织有关单位共同验槽,包括轴线尺寸、水平标高、地质情况,如有无孔洞、沟、井、墓穴等。应在未做地基前处理完毕并办理隐检手续。

(4)检查基槽(坑)、管沟的边坡是否稳定,并清除基底上的浮土和积水。

2.施工工艺

(1)工艺流程:检验砂石质量→分层铺筑砂石→洒水→夯实或碾压→找平验收。

（2）对级配砂石进行技术鉴定，如是人工级配砂石，应将砂石拌和均匀，其质量均应达到设计要求或《建筑地基处理技术规范》（JGJ 79—2002）的规定。

（3）分层铺筑砂石。

①铺筑砂石的每层厚度，一般为15～20 cm，不宜超过30 cm，分层厚度可用样桩控制。视不同条件，可选用夯实或压实的方法。大面积的砂石垫层，铺筑厚度可达35 cm，宜采用6～10 t的压路机碾压。

②砂和砂石地基底面宜铺设在同一标高上，如深度不同时，基土面应挖成踏步和斜坡形，搭槎处应注意压（夯）实。施工应按先深后浅的顺序进行。

③分段施工时，接槎处应做成斜坡，每层接岔处的水平距离应错开0.5～1.0 m，并应充分压（夯）实。

④铺筑的砂石应级配均匀。如发现砂窝或石子成堆现象，应将该处砂子或石子挖出，分别填入级配好的砂石。

（4）洒水：铺筑级配砂石在夯实碾压前，应根据其干湿程度和气候条件，适当地洒水以保持砂石的最佳含水量，一般为8%～12%。

（5）夯实或碾压：夯实或碾压的遍数，由现场试验确定。用木夯或蛙式打夯机时，应保持落距为400～500 mm，要一夯压半夯，行行相接，全面夯实，一般不少于3遍。采用压路机往复碾压，一般碾压不少于4遍，其轮距搭接不小于50 cm。边缘和转角处应用人工或蛙式打夯机补夯密实。

（6）找平和验收。

①施工时应分层找平，夯压密实，并应设置纯砂检查点，用200 cm^3的环刀取样，测定干砂的质量密度。下层密实度合格后，方可进行上层施工。用贯入法测定质量时，用贯入仪、钢筋或钢叉等以贯入度进行检查，小于试验所确定的贯入度为合格。

②最后一层压（夯）完成后，表面应拉线找平，并且要符合设计规定的标高。

2.2.3　质量标准

1. 主控项目

（1）基底土质必须符合设计要求。

（2）纯砂检查点的干砂质量密度，必须符合设计要求和施工《建筑地基处理技术规范》（JGJ 79—2002）的规定。

2. 一般项目

（1）级配砂石的配料正确，拌和均匀，虚铺厚度符合规定，夯压密实。

（2）分层留接槎位置正确，方法合理，接槎夯压密实，平整。

3. 允许偏差项目

允许偏差项目见表2.9。

表 2.9 砂石地基的允许偏差

项次	项目	允许偏差/mm	检验方法
1	顶面标高	±15	用水平仪或拉线和尺量检查
2	表面平整度	20	用 2 m 靠尺和楔形塞尺检查

2.2.4 成品保护

(1)回填砂石时,应注意保护好现场轴线桩、标准高程桩,防止碰撞位移,并应经常复测。

(2)地基范围内不应留有孔洞。完工后如无技术措施,不得在影响其稳定的区域内进行挖掘工程。

(3)施工中必须保证边坡稳定,防止边坡坍塌。

(4)夜间施工时,应合理安排施工顺序,配备足够的照明设施;防止级配砂石不准或铺筑超厚。

(5)级配砂石成活后,应连续进行上部施工,否则应经常适当洒水润湿。

2.2.5 应注意的质量问题

(1)大面积下沉:主要是未按质量要求施工,分层铺筑过厚、碾压遍数不够、洒水不足等。要严格执行操作工艺的要求。

(2)局部下沉:边缘和转角处夯打不实,留接槎没按规定搭接和夯实。对边角处的夯打不得遗漏。

(3)级配不良:应配专人及时处理砂窝、石堆等问题,做到砂石级配良好。

(4)在地下水位以下的砂石地基,其最下层的铺筑厚度可适当增加 50 mm。

(5)密实度不符合要求:坚持分层检查砂石地基的质量,检查每层纯砂检查点的干砂质量密度,必须符合规定,否则不能进行上一层的砂石施工。

(6)砂石垫层厚度不宜小于 100 mm,冻结的天然砂石不得使用。

任务3 条形基础施工图的识读及构造会审

3.1 条形基础施工图识读

3.1.1 条形基础施工图识读的一般规定

在平面布置图上表示条形基础的尺寸与配筋,以平面注写方式为主,以截面注写方式为辅。结构平面的坐标方向为：两向轴网正交布置时，图面从左至右为 X 向，从下到上为 Y 向。

条形基础的平面注写方式分为集中标注和原位标注。集中标注系在基础平面图上集中引注：基础编号、竖向截面尺寸、配筋为必注内容，当基础底面标高与基础底面基准标高不同时的相对标高高差和必要的文字注解两项为选注内容。原位标注系在基础平面布置图上标注条形基础的平面尺寸。对相同编号的基础，可选择一个进行原位标注；当平面图形较小时，可将所选定进行原位标注的基础按一定的比例适当放大；其他相同编号者仅注编号。某条形基础如图 2.7 和图 2.8 所示。

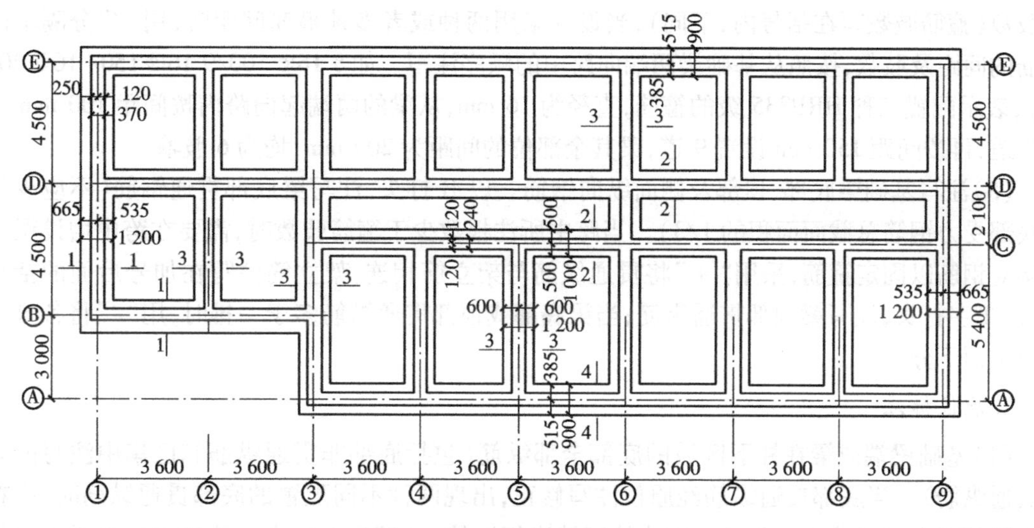

图 2.7　某条形基础平面布置图

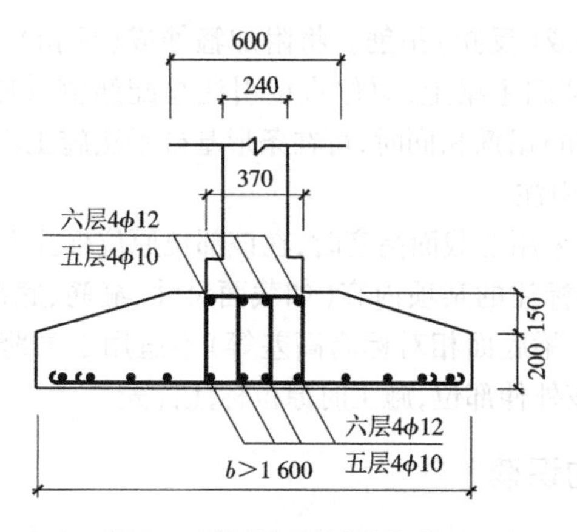

图 2.8　某条形基础结构详图

3.1.2　条形基础梁的识读

1. 集中标注

(1)注写基础梁编号(必须注写的内容)。

(2)注写基础梁截面尺寸(必须注写内容):注写 $b \times h$,表示梁截面宽度和高度。

(3)注写基础梁配筋。

(4)注写基础梁箍筋。当具体设计仅仅采用一种箍筋间距时,注写钢筋级别、直径、间距与肢数(箍筋肢数写在括号内,下同);当设计采用两种或者多种箍筋间距时,用"/"分隔不同箍筋的间距及肢数,按照从基础梁两端向跨中的顺序注写。如 8 16@100/9 16@150/ 16@200(6),表示配置三种 HRB335 级的箍筋,直径为 16 mm,从梁的两端起向跨内按间距 100 mm 设置 8 道,再按间距 150 mm 设置 9 道,梁其余部位的间距为 200 mm,均为 6 肢箍。

(5)注写基础梁底部、顶部及侧面纵向钢筋。以 B 打头,注写梁底部贯通钢筋(不应少于梁底部受力钢筋总截面面积的 1/3)。当跨中所注根数少于箍筋肢数时,需要在跨中增设梁底部架立钢筋以固定箍筋,采用"+"将贯通纵筋与架立筋相连,架立筋注写在加号后面的括号内;以 T 字打头,注写梁顶部贯通纵筋;当梁底部或顶部贯通纵筋多于一排时,用"/"将各排纵筋自上而下分开。

2. 原位标注

(1)基础梁端或梁在柱下区域的底部全部纵筋(包括底部非贯通纵筋和已集中注写的底部贯通纵筋)。当底部贯通纵筋经原位注写修正,出现两种不同配置的底部贯通纵筋时,应在在两毗邻跨中配置较小一跨的跨中连接区域进行连接。(即配置较大一跨的底部贯通纵筋须延伸至毗邻跨的跨中区域)

(2)基础梁的附加箍筋或(反扣)吊筋。将附加箍筋或(反扣)吊筋直接画在平面图十字交叉梁中刚度较大的条形基础主梁上,原位直接引注总配筋值,(附加箍筋的肢数注在括号内)当多数附加箍筋或(反扣)吊筋相同时,可在条形基础平法施工图上统一注明,少数与统一注明值不同时,再原位直接引注。

(3)当基础梁外伸部位采用变截面高度时,在该部位原位标注 $b \times h$。

(4)当在基础梁上集中标注的某项内容(如截面尺寸、箍筋、底部与顶部贯通纵筋和架立钢筋、梁侧面纵向构造钢筋、梁底面相对标高高差等)不适用于某跨或某外伸部位时,将其修正内容原位标注在该跨或该外伸部位,施工时原位标注优先。

3.1.3　条形基础底板的识读

条形基础底板平面注写形式,分集中标注和原位标注两部分内容。

1. 集中标注

(1)注写条形基础底板编号(必注内容)。条形基础向两侧的截面形状通常有两种:

①阶形截面,编号加下标"J",如 TJB_J ××(××);

②坡形截面,编号加下标"P",如 TJB_P ××(××)。

(2)注写条形基础底板截面竖向尺寸。

(3)注写条形基础底板底部或顶部配筋(必注内容)。

以B打头,注写条形基础底板底部的横向受力钢筋。以T字打头,注写条形基础底板顶部的横向受力钢筋;注写时,用"/"分隔条形基础底板的横向受力钢筋和构造钢筋。如当条形基础底板配筋标准为:B 14@150/8@250,表示的是条形基础底板底部配置HRB335级横向受力钢筋,直径为14,分布间距为150 mm;配置HPB300级构造钢筋,直径为8,分布间距为250 mm。

2.原位标注

原位注写条形基础底板的平面尺寸。

原位标注$b, b_1, \cdots, b_i, i=1,2,\cdots$其中,$b$为基础底板总宽度,$b_i$为基础底板台阶的宽度。对于相同编号的条形基础底板,可选择一个进行标注。

3.原位标注修正内容

当在条形基础底板上集中标注的某项内容,如底板尺寸、底板配筋、底板底面相对标高高差等,不适用于条形基础底板的某跨某外伸部分时,可将其修正内容原位标注在该跨板或板外伸部位,施工时原位标注优先。

3.2 条形基础的构造会审

3.2.1 柱下条形基础的构造要求

柱下条形基础的构造,除满足《建筑地基基础设计规范》(GB 50007—2011)第8.2.2条要求外,尚应符合下列规定。

(1)柱下条形基础梁的高度宜为柱距的1/8~1/4。翼板厚度不应小于200 mm。当翼板厚度大于250 mm时,宜采用变厚度翼板,其坡度宜小于或等于1:3。

(2)条形基础的端部宜向外伸出,其长度宜为第一跨距的1/4。

(3)现浇柱与条形基础梁的交接处,其平面尺寸不应小于《建筑地基基础设计规范》(GB 50007—2011)图8.3.1的规定。

(4)条形基础梁顶部和底部的纵向受力钢筋除满足计算要求外,顶部钢筋按计算配筋全部贯通,底部通长钢筋不应少于底部受力钢筋截面总面积的1/3。

(5)柱下条形基础的混凝土强度等级,不应低于C20。柱下条形基础的计算,除应符合《建筑地基基础设计规范》(GB 50007—2011)第8.2.7条第一款的要求外,尚应符合下列规定:

①在比较均匀的地基上,上部结构刚度较好,荷载分布较均匀,且条形基础梁的高度不小于1/6柱距时,地基反力可按直线分布,条形基础梁的内力可按连续梁计算,此时边跨跨中弯矩及第一内支座的弯矩值宜乘以1.2的系数;

②当不满足本条第一款的要求时,宜按弹性地基梁计算;

③对交叉条形基础,交点上的柱荷载,可按交叉梁的刚度或变形协调的要求,进行分配;

④验算柱边缘处基础梁的受剪承载力;

⑤当存在扭矩时,尚应作抗扭计算;

⑥当条形基础的混凝土强度等级小于柱的混凝土强度等级时,尚应验算柱下条形基础梁顶面的局部受压承载力。

3.2.2 墙下条形基础的构造要求

(1)梯形截面基础的边缘高度,一般不小于200 mm,坡度小于等于1∶3。基础高度小于250 mm时,可做成等厚度板。

(2)垫层的厚度不宜小于70 mm,通常采用100 mm。

(3)锥形基础的边缘高度不宜小于200 mm,阶梯形基础的每一级高度宜为300~500 mm。

(4)受力钢筋的最小直径不宜小于10 mm,间距不宜大于200 mm,也不宜小于100 mm;分布钢筋的直径不宜小于8 mm,间距不大于300 mm,每延米分布钢筋的面积不小于受力钢筋面积的1/10。

(5)保护层厚度:有垫层时不小于40 mm,无垫层时不小于70 mm。

任务4 条形基础人机料计划的编制

4.1 施工进度计划的制订

4.1.1 主要制订依据

(1)该工程的条形基础施工图。

(2)该条形基础专项施工方案。

(3)建设单位与施工单位签订的施工合同。

(4)相关的人工消耗定额、材料消耗定额、机械台班消耗定额。

(5)国家及地方颁布的现行法律、法规及相关规范和标准。

4.1.2 施工进度计划安排

在保证质量、安全、文明施工的前提下,根据工程项目的施工管理能力、技术水平和拟投入的机械设备、物资及劳动力等状况,确定条形基础工程的合理完成工期。

4.1.3　工期计划控制管理

1. 编制分阶段控制计划及进度计划调整

按总工期、开竣工日期及每月须完成总进度计划内容作为每月计划的控制点，编制周计划来确保月计划的完成。为确保基础工期控制点的实现，结合施工中不断发生的变化，需对计划进行科学安排、优化调整，动态管理，合理协调，保证工期目标。

2. 计划的检查与落实

施工时严格按工期计划安排，检查施工进度。项目经理每周组织一次现场施工协调会，向现场施工管理人员、班组长检查本周计划完成情况及下达下周施工计划，月底根据考核班组生产完成任务情况进行奖惩。

3. 节假日劳动力保护措施

(1)在订立劳务合同时，在合同中应强调施工现场无节假日和稳定劳动力的条款。

(2)加强宣传教育，提前做好外用民工思想工作，做好人员调度、补充安排，调整施工作业面及工序流程，保证节假日工作不受大的影响。

4. 工期保证及赶工措施

提前做好施工前的准备工作，达到“三快”即进场快、安家快、开工快。缩短入场准备时间，迅速掀起施工高潮。

组建好项目班子，要求参建人员有较高的思想素质和过硬的技术本领，团结一致，共同努力，高质量、高速度完成施工任务，不因人际纠纷而耽误工程进度。

施工方案提前编制，材料采购供应计划提前制订，劳动力提前培训，机械设备及时入场，不要因人、材、机而拖延工期。

严格计划管理，精心编制实施性强的施工进度计划，突出重点、难点，合理组织实施，并进行每周检查、分析、调整。由周计划保证月计划，确保工程形象进度和总工期。

熟读图纸，学习规范，做好施工方案的技术交底，杜绝因设计缺陷造成停工或因施工差错造成返工，以免影响进度和质量。

进行分段流水作业，各工种、工序相互穿插作业，加快施工进度。

充分利用白天时间，早上班，晚下班，深夜少加班，既延长了工作时间，又解决了噪声扰民问题。

节假日不放假，采取发加班工资及轮休方式。

注意天气预报，掌握气候温度及晴雨变化，提前对施工作业进行调整安排，主动指导工作。

小雨坚持不停工，每人配齐防雨用品，对混凝土浇筑采取用彩条布遮挡措施。

坚持奖惩制度，工资与工期挂钩，提前奖励，延期受罚。

备足资金，按时发放工资，稳定人心不动摇。

备足原材料及周转材料，保障供应，确保进度。

加强设备维护，确保正常运行，提高机械使用率和完好率，不给施工带来麻烦，以免影响工期。

服从业主、监理工程师的监督、检查，协调好关系，求得监理工程师对各工序的及时检查认定、验收，以尽早投入下道工序，缩短工序间的间隔时间。

5. 绘制施工进度计划表

在工程项目管理中，根据以上内容确定了工程工期以后，可以绘制出横道图或者双代号时标网络图。在工程实施过程中，可以用实际完成工程量与计划完成工程量进行比较，检查工程进展状况。

4.2 人机料计划确定的步骤

4.2.1 人机料确定的方法

正如上一学习情境所述，工程人机料计划的确定方法有经验法和定额计算法，两种方法各有特点及适用范围。下面就定额计算法的计算方法和步骤做简单的介绍。

1. 定额的基本概念

建筑工程项目中各分部分项工程的施工，需要消耗一定的资源（人力、物力和资金），而这些资源的消耗量将随着生产因素和生产材料的变化而变化。所谓定额就是在合理的劳动组织和合理地使用材料和机械的条件下，预先规定完成单位合格产品所消耗的资源数量之标准，它反映一定时期的社会生产力水平的高低。常用的三大定额是：劳动定额、材料消耗定额和机械台班使用定额。

2. 劳动力用量的计算

如果工程量很大或缺乏相应的施工经验，条形基础施工的劳动力的安排，原则上根据劳动定额来确定。即是先计算工程量，再根据工程量查企业内部的施工定额，如果没有企业内部的施工定额就查地方的预算定额，计算出工程所需要的人工数量。人工数量的计算可参考下式进行：

$$P = Q/S = Q \times Z \tag{2.26}$$

式中 P——某施工过程的劳动量（工日）；

Q——该施工过程的工程量；

S——计划采用的产量定额；

Z——计划采用的时间定额。

通过劳动力用量计算的方法，同理可以计算出材料、机械的用量。再根据工程的实际情况计算出需要的人机料的实际用量。

4.2.2 人机料计划确定的步骤

根据以上讲述，可以总结出定额计算法确定人机料用量的基本步骤是：

熟悉施工图 → 查阅定额 → 计算工程量 → 计算人机料用量 → 根据实际情况进行调整

任务5　条形基础的定位放线

条形基础的定位放线和独立基础的定位放线很类似，在此就条形基础放线过程中以下几点做一简单叙述。

5.1　结构构件放线

在施工层面投测控制线后，可以根据控制线进行放线工作，放出柱、墙等竖向结构的水平尺寸线。在结构构件尺寸线放样过程中，必须严格、细致、细心进行。放出尺寸线后必须放出检查线（检查线采用将尺寸线平移300 mm设置），并将尺寸线、检查线交点处均刷出红三角。放线过程中各建筑轴线必须直接从控制线分别测设，并且必须将误差分配消化，避免误差累积，即测设轴线均从控制线量出轴线距离设置轴线。

在模板支设过程中，必须将控制线传递到楼板模板底模上，并放出轴线检查线，以便检查模板工程。模板支设完成后将下层控制线传递到模板上，放出轴线检查线，进一步检查模板工程。

5.2　建筑标高测设

土方开挖前，应测出基础顶标高和原有垫层标高，绘制现场地形图。土方开挖过程中，必须严格注意开挖深度和开挖标高。开挖前在场地内布设标高桩，开挖过程中测量人员必须全程监督，在接近要求开挖标高时，在基槽内测设标高木桩，作为人工平整基底标高控制。在基底平整完成后再检查此标高木桩，检查无误后作为垫层混凝土施工的标高控制。

在模板施工前必须在柱、墙等结构的主筋上测设标高线（$H+0.50$ m），并在塔吊等固定物上做好标高检查线，此标高线作为模板支设、模板检查等标高控制线和检查线。

任务6　条形基础的钢筋施工

6.1　钢筋加工制作

（1）进场钢筋应按级别、种类和直径分类架空堆放，不得直接放置在地上，以免锈蚀和油污。进场钢筋应有出场质量合格证明，并及时抽样进行复检，复检合格后方可进行加工。

(2)钢筋加工应先按图纸设计要求和现行图集进行翻样,然后经有关部门核认后进行加工。

(3)加工的半成品钢筋按型号、品种及规格尺寸等挂牌堆放。

(4)Ⅰ级钢筋末端需做180°弯钩,其圆弧直径不小于钢筋直接的2.5倍,平直部分长度不小于钢筋直径的3倍;Ⅱ级钢筋末端需做成90°或者135°的弯钩,其弯曲直径不宜小于钢筋直径的4倍,平直部分长度应按照设计要求确定。箍筋的末端应做135°弯钩,弯钩平直段长度不小于10倍钢筋直径。

(5)钢筋端部弯头长度以设计图纸钢筋表中钢筋弯头长度为准,但必须满足锚固长度,如钢筋表中弯头长度加上水平段锚固长度小于计算锚固长度时,弯头长度应以计算为准。

(6)钢筋加工的允许偏差要满足表2.10的要求。

表2.10 钢筋加工的允许偏差

项 目	允许偏差/mm
受力钢筋顺长度方向全长的净尺寸	±10
弯起钢筋的弯折位置	±20
箍筋内净尺寸	±5

6.2 钢筋绑扎

(1)条形基础钢筋绑扎应按照设计要求以及相关现行图集的要求实施。

(2)柱子插筋及定位。基础混凝土浇筑之前应按照设计及规范、图集要求进行柱子插筋,构造柱插筋的锚固长度、钢筋甩出长度、钢筋根数、钢筋间距、钢筋位置等均应满足设计及规范、图集要求。为了确保混凝土浇筑完毕后柱子插筋位置不出现偏差,应对柱子采用定位箍筋固定,并及时调整柱子位置。

钢筋位置的允许偏差见表2.11。

表2.11 钢筋位置的允许偏差

项次	项 目		允许偏差/mm
1	受力钢筋的间距		±10
2	受力钢筋的排距		±5
3	钢筋弯起点位置		20
4	箍筋、横向钢筋间距	绑扎骨架	±20
		焊接骨架	±10

续表

项次	项　目		允许偏差/mm
5	预埋件	中心线位置	3
		水平高差	+3
6	受力钢筋的保护层	基础	±10
		柱、梁	±5
		板、墙	±3

6.3　钢筋连接

(1)钢筋的连接方式首先要满足设计要求,当设计无明确要求时可参照以下要求执行:直径小于等于16 mm的钢筋采用绑扎连接方式;直径大于16 mm的螺纹钢筋采用机械连接。

(2)钢筋接头位置宜设置在受力较小处,在同一根钢筋上宜少设接头。

(3)钢筋混凝土构件同一搭接区域内相邻受力钢筋接头位置应相互错开,当采用机械连接接头时,在任意35d且不小于500 mm区段内,受力钢筋接头百分率不宜大于50%。当采用绑扎搭接接头时,在任意1.3倍钢筋搭接长度的搭接区域内,有接头的受力钢筋截面面积占受力钢筋截面面积的百分率应符合表2.12的要求。

表2.12　有接头的受力钢筋截面面积占受力钢筋截面面积的百分率

接头形式	受拉区接头百分率	受压区接头百分率
机械连接	50%	不限
绑扎连接	25%	50%

(4)纵向钢筋的锚固长度应满足表2.13的要求。

表2.13　受拉钢筋基本锚固长度

钢筋种类	抗震等级	混凝土强度等级								
		C20	C25	C30	C35	C40	C45	C50	C55	C60
HPB300	一、二级(l_{abE})	45d	39d	35d	32d	29d	28d	26d	25d	24d
	三级(l_{abE})	41d	36d	32d	29d	26d	25d	24d	23d	22d
	四级(l_{abE}) 非抗震(l_{ab})	39d	34d	30d	28d	25d	24d	23d	22d	21d

续表

钢筋种类	抗震等级	混凝土强度等级								
		C20	C25	C30	C35	C40	C45	C50	C55	C60
HRB335 HRBF335	一、二级(l_{abE})	44d	38d	33d	31d	29d	26d	25d	24d	24d
	三级(l_{abE})	40d	35d	31d	28d	26d	24d	23d	22d	22d
	四级(l_{abE}) 非抗震(l_{ab})	38d	33d	29d	27d	25d	23d	22d	21d	21d
HRB400 HRBF400 RRB400	一、二级(l_{abE})	—	46d	40d	37d	33d	32d	31d	30d	29d
	三级(l_{abE})	—	42d	37d	34d	30d	29d	28d	27d	26d
	四级(l_{abE}) 非抗震(l_{ab})	—	40d	35d	32d	29d	28d	27d	26d	25d
HRB500 HRBF500	一、二级(l_{abE})	—	55d	49d	45d	41d	39d	37d	36d	35d
	三级(l_{abE})	—	50d	45d	41d	38d	36d	34d	33d	32d
	四级(l_{abE}) 非抗震(l_{ab})	—	48d	43d	39d	36d	34d	32d	31d	30d

任务7　条形基础的模板施工

7.1　材料选择

(1)钢筋混凝土条形基础的模板一般选用木模板。例如通常选用$\delta=18$ mm厚九夹板制作加工,采用60 mm×90 mm木方作为模板的背楞,木方间距不得超过200 mm。

(2)为保证条形基础模板的刚度,还需要在侧模之间设置对拉螺杆,对拉螺杆一般选择ϕ14的圆钢制作,两端螺纹长度不得小于150 mm。

(3)为保证整个模板系统的强度、刚度及其稳定性,还需要对条形基础的模板增加支撑系统,支撑系统一般选用ϕ48 mm×3.5 mm的钢管进行搭设。

(4)模板也可采用小钢模或者木模。

7.2　模板安装与拆除

(1)条形基础模板的两边侧模,一般可横向配置,模板下端外侧用通常横楞连固,并与预

先埋设的锚固件楔紧。竖楞用 ϕ48 mm×3.5 mm 的钢管制作，用U形钩与模板连接。

(2)锥形基础坡度超过30°时，采用斜模板支护，利用螺栓与底板钢筋拉紧，防止上浮，模板上部设透气孔和振捣孔。坡度不大于30°时，利用钢丝网防止混凝土下坠，上口设井字木控制钢筋位置。不得用重物冲击模板，不准在吊帮的模板上搭设脚手架，以保证模板的牢固和严密。

(3)若条形基础有地梁，则地梁的模板支设可参照图2.9。

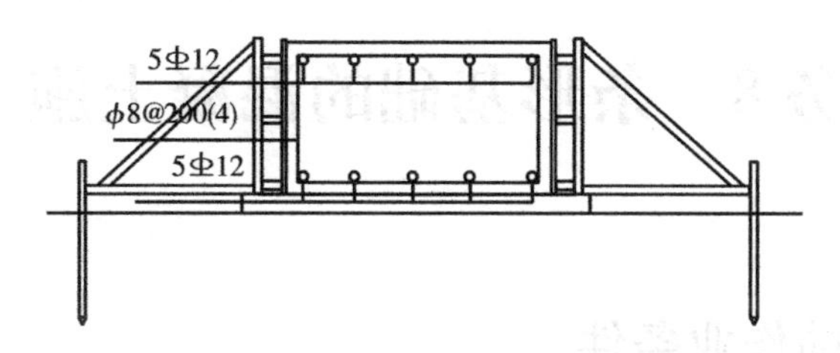

图2.9　条形基础地梁模板支设示意

(4)土质情况不一样，则条形基础模板支设的情况也就不同，可参考图2.10情况实施。

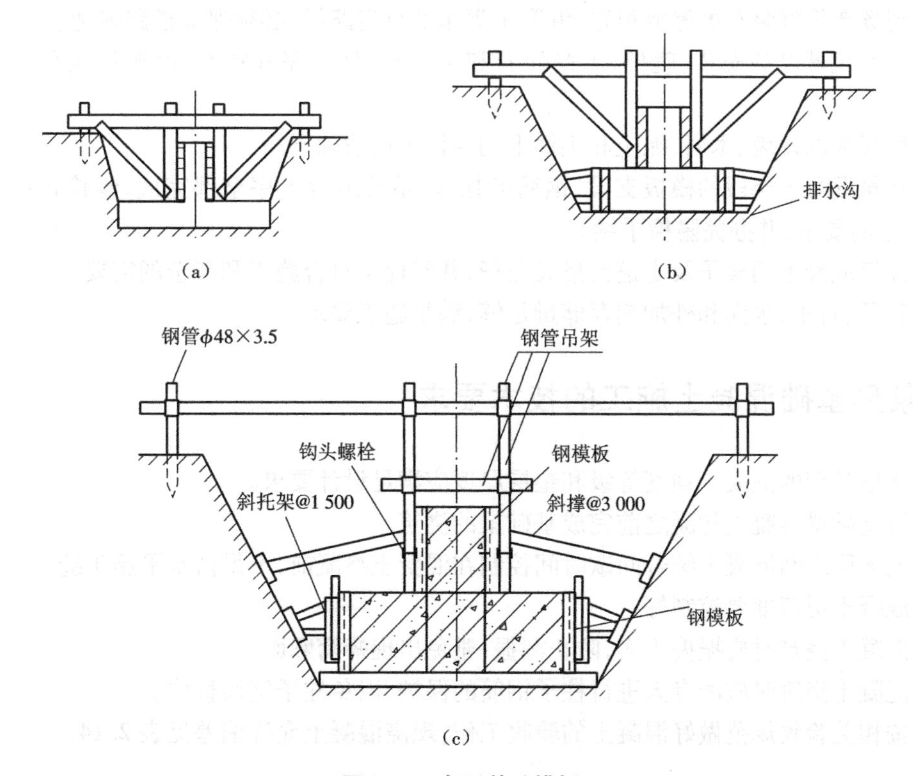

图2.10　条形基础模板

(a)土质较好，下半段利用原土削平不另支设模板　(b)土质较差，上下两阶均支模　(c)钢模板

(5)混凝土条形基础模板施工工艺。先在基槽底弹出中心线、基础边线，再把侧板和端头板对准边线和中心线，用水平仪抄测校正侧板顶面水平，经检测无误后，用斜撑、水平撑及拉撑

钉牢。

混凝土条形基础支模时模板上口应钉木带，以控制条形基础上口宽度，并通长拉线，保证上口平直，隔一定间距，将上段模板下口支撑在钢筋支架上。

(6)侧模拆除，应在混凝土强度能保证其表面及棱角不因拆除而受损时，方可拆除。待侧模拆除完后及时将对拉螺杆抽出。

任务8　条形基础的混凝土施工

8.1　混凝土施工的作业条件

(1)根据工程对象、结构特点制订混凝土浇筑方案，并向参加施工的人员进行交底。

(2)现场布设好泵车的停放位置、混凝土灌车的行走路线，必须保证道路畅通。

(3)各种机械设备安装、就位、维修保养和试运转，处于完好状态，电源可满足实际施工需要。

(4)模板内的垃圾、木屑、泥土和钢筋上的油污等已清除干净。

(5)浇筑混凝土层段的模板支设、钢筋绑扎、防雷接地等工序全部完成，经检查符合设计和验收规范的要求，并办完隐检手续。

(6)浇筑混凝土用架子及走道已搭设完毕，并经检查符合施工和安全的需要。

(7)砂子、石子、水泥和外加剂存储量足够，满足施工要求。

8.2　条形基础混凝土施工的技术要求

(1)条形基础的混凝土强度等级和垫层厚度应满足设计要求。

(2)待基础梁混凝土初凝之前完成基础梁的浇筑。

(3)上下层之间混凝土结合间歇时间控制在混凝土终凝前，不得留水平施工缝。

(4)混凝土坍落度要控制好。

(5)混凝土浇筑时应振捣密实，防止漏振，避免出现蜂窝麻面。

(6)混凝土浇筑时应派专人进行柱子钢筋的保护，以免柱子钢筋移位。

(7)按相关验收规范做好混凝土的验收工作，现浇混凝土允许偏差见表2.14。

表2.14　现浇混凝土允许偏差

项　目		允许偏差/mm
轴线位置	基础	15
	条形基础	10
	墙、柱、梁	8

(8)条形基础和基础梁在混凝土浇筑完毕后12 h以内,派专人进行浇水养护,每天不得少于3次,使构件表面始终处于湿润状态,浇水养护时间不得少于7 d。如果是冬季施工,要注意混凝土的保温,可以在混凝土的表面立即覆盖一层塑料薄膜,或者是覆盖草帘子。

任务9　条形基础的质量及安全控制

9.1　条形基础的质量控制

9.1.1　钢筋分项工程

1. 保证项目

(1)钢筋的品种质量,焊条、焊剂的牌号、性能必须符合设计要求和有关标准的规定。进口钢筋焊接前必须进行化学成分检验和焊接试验,符合有关规定后方可焊接。

(2)钢筋表面必须清洁。带有颗粒状或片状老锈,经除锈后仍留有麻点的钢筋,严禁按原规格使用。

(3)钢筋的规格、形状、尺寸、数量、间距、锚固长度、接头设置,必须符合设计要求和施工规范的规定。

(4)焊接接头、焊接制品的力学性能,必须符合钢筋焊接及验收的专门规定。

2. 基本项目

(1)绑扎钢筋的缺扣、松扣数量不超过绑扣总数的10%,且不应集中。

(2)弯钩的朝向应正确。绑扎接头应符合施工规范的规定,搭接长度均不小于规定值。

(3)用Ⅰ级钢筋制作的箍筋,其数量符合设计要求,弯钩角度和平直长度应符合施工规范的规定。

(4)对焊接头无横向裂纹和烧伤,焊包均匀。接头处弯折不大于4°,接头处钢筋轴线位移不得大于0.1d,且不大于2 mm。

(5)电弧焊接头焊缝表面平整,无凹陷、焊瘤,接头处无裂纹、气孔、熔渣及咬边。接头处绑条沿接头中心线的纵向位移不得大于0.5d,且不大于3 mm;接头处钢筋的轴线位移不大于0.1d,且不大于3 mm;焊缝厚度不小于0.05d,焊缝宽度不小于0.1d,焊缝长度不小于0.5d;接头处弯折不大于4°。

3. 允许偏差项目

允许偏差项目见表2.15。

表2.15　允许偏差项目

<table>
<tr><th>项次</th><th colspan="2">项　目</th><th>允许偏差/mm</th><th>检查方法</th></tr>
<tr><td>1</td><td colspan="2">骨架的宽度、高度</td><td>±5</td><td>尺量检查</td></tr>
<tr><td>2</td><td colspan="2">骨架的长度</td><td>±10</td><td>尺量检查</td></tr>
<tr><td rowspan="4">3</td><td rowspan="4">受力钢筋</td><td>焊接</td><td>±10</td><td>尺量连续三档</td></tr>
<tr><td>绑扎</td><td>±20</td><td>取其最大值</td></tr>
<tr><td>间距</td><td>±10</td><td rowspan="2">尺量两端,中间各一道取其最大值</td></tr>
<tr><td>排距</td><td>±5</td></tr>
<tr><td>4</td><td colspan="2">钢筋弯起点位移</td><td>20</td><td>尺量检查</td></tr>
<tr><td rowspan="2">5</td><td rowspan="2">预埋件</td><td>中心线位移</td><td>5</td><td>尺量检查</td></tr>
<tr><td>水平高差</td><td>+3,-0</td><td>尺量检查</td></tr>
<tr><td>6</td><td>受力钢筋保护层</td><td>基础</td><td>±10</td><td>尺量检查</td></tr>
</table>

9.1.2　模板分项工程

1. 保证项目

(1)模板及其支架必须具有足够的强度、刚度和稳定性,其支架的支撑部分需有足够的支撑面积。

(2) 模板安装在基土上,基土必须坚实并有排水措施。

2. 基本项目

(1)模板接缝处接缝的最大宽度不应大于1.5 mm。

(2)模板与混凝土的接触面应清理干净,并采取防止黏结措施。粘浆和漏涂隔离剂面积累计不大于1 000 cm^2。

3. 混凝土分项工程

1)保证项目

(1)混凝土所用的水泥、水、骨料、外加剂等必须符合施工规范和有关标准的规定。

(2)混凝土的配合比、原材料计量、搅拌、养护和施工缝处理必须符合施工规范的规定。

(3)评定混凝土强度的试块,必须按混凝土强度检验评定标准的规定取样、制作、养护和试验,其强度必须符合施工规范的规定。

(4)对设计不允许有裂缝的结构,严禁出现裂缝;设计允许出现裂缝的结构,其裂缝宽度必须符合设计要求。

2)基本项目

(1)混凝土应振捣密实,蜂窝面积一处不大于200 cm^2,累计不大于400 cm^2,无孔洞。

(2)任何一根主筋均不得有漏筋。

(3)无缝隙、无夹渣层。

3)允许偏差项目

允许偏差项目见表2.16。

表2.16　允许偏差项目

项次	项　目	允许偏差/mm	检验方法
1	轴线位移	10	尺量检查
2	标高	±10	用水准仪或拉线和尺量检查
3	截面尺寸	+15，-10	尺量检查
4	表面平整度	8	用2 m靠尺和塞尺检查
5	预埋钢板中心线偏移	10	尺量检查
6	预埋螺栓中心线偏移	5	尺量检查
7	预留管、预留孔中心线偏移	5	尺量检查
8	预留洞中心线偏移	15	尺量检查

9.2　条形基础的安全控制

完成地基验槽后,必须首先清除掉表层的浮土,确保基槽内无积水,施工基础垫层的同时,要进行测定水平标高的操作,控制标准厚度。进行混凝土垫层分段施工时,要尽量避免出现混凝土垫层表面缺浆和少浆现象,确保表层平整。钢筋在施工中起着重要作用,要严格按照行业规定,视基础高度进行相关操作。基层高度比较大时,钢筋要伸到基础底部,确保施工质量。对于施工的木模板,要使用木制品进行一定的加固,防止重物的压损,保证模板的牢固耐用。浇筑混凝土是重中之重的工序,浇筑之前,要先铺一层符合标准厚度的混凝土,厚度一般应在5~10 cm。牢固固定柱子插筋和钢筋的位置,而后进行对称浇筑。浇筑过程中,若发现走动、移位等现象,要立即停止操作,进行重新加固。对已按要求浇筑完成的混凝土,要进行覆盖浇水,严格进行常温保养。

习　题

一、不定项选择

1.(　　)是指基础长度远远大于宽度的一种基础形式。

A.独立基础　B.条形基础　C.筏形基础　D.箱形基础

2.(　　)和独立基础均属于浅基础。

A.条形基础　B.箱形基础　C.桩基础　D.筏形基础

3.为了防止在施工期间造成对相邻原有建筑物安全和正常使用上的不利影响,基础埋深不宜(　　)原有相邻建筑基础。

A.小于　B.大于等于　C.深于　D.等于

4.土壤和(　　)是组成灰土的两种基本成分。

A.石屑　B.缓凝剂　C.水泥　D.石灰

5.石灰粉用量常为灰土总量的(　　),即一九灰土、二八灰土和三七灰土。

A.10% ~20%　B.10% ~50%　C.10% ~30%　D.10% ~40%

6.最佳石灰和土的体积比为(　　)。

A.1∶9　B.3∶7　C.2∶8　D.4∶6

7.灰土分段施工时,不得在墙角、柱基及承重窗间墙下接槎,上下两层灰土的接槎距离不得小于(　　)。

A.300 mm　B.400 mm　C.600 mm　D.500 mm

8.铺筑砂石的每层厚度,一般为(　　),不宜超过(　　),分层厚度可用样桩控制。

A.15 ~20 cm　B.15 ~25cm　C.40 cm　D.30 cm

9.用木夯或蛙式打夯机时,应保持落距为(　　),要一夯压半夯,行行相接,全面夯实,一般不少于(　　)遍。

A.300 ~400 mm　B.400 ~500 mm

C.3　D.4

10.条形基础平面施工图中集中标注系在基础平面图上集中引注,条形基础底板集中标注中的(　　)三项为必注内容。

A.文字注解　B.基础编号　C.竖向截面尺寸　D.配筋

11.条形基础是以(　　)打头,注写梁底部贯通钢筋。

A.H　B.F　C.B　D.T

12.柱下条形基础梁的高度宜为柱距的(　　)。

A.1/3 ~1/6　B.1/2 ~1/4　C.1/3 ~1/7　D.1/4 ~1/8

13.条形基础梁顶部和底部的纵向受力钢筋除满足计算要求外,顶部钢筋按计算配筋全部贯通,底部通长钢筋不应少于底部受力钢筋截面总面积的(　　)。

A.1/5　B.1/3　C.1/2　D.1/4

14.梯形截面基础的边缘高度,一般不小于(　　),坡度(　　)。

A. 100 mm　　B. 200 mm　　C≤1:3　　D. ≤1:2

15.（　　）就是在合理的劳动组织和合理地使用材料和机械的条件下，预先规定完成单位合格产品的消耗的资源数量之标准，它反映一定时期的社会生产力水平的高低。

A. 标准图集　　B. 技术标准　　C. 规范　　D. 定额

二、判断题

1. 墙下条形基础和柱下独立基础（单独基础）也统称为扩展基础。（　　）

2. 基础埋置深度一般是指从室外底面标高至基础底面的距离。（　　）

3. 拟建建筑物的基础不能满足基础埋深不宜深于原有相邻建筑基础的要求时，则应与原有基础保持一定净距 L。其数值根据荷载大小及土质情况而定，一般不小于相邻两基础高差 H 的 1 ~3 倍。（　　）

4. 基础埋深大于土层冻结深度，则基础底面会受到冻胀力作用。（　　）

5. 条形基础简化计算有静力平衡法和倒梁法两种，它们是一种不考虑地基与上部结构变形协调条件的实用简化法。（　　）

6. 灰土基础适合于 5 层和 5 层以下、地下水位较低的砌体结构房屋和墙体承重的工业厂房。（　　）

7. 灰土的配合比应用质量比，除设计有特殊要求外，一般为 2∶8或 3∶7。基础垫层灰土必须过标准斗，严格控制配合比。（　　）

8. 砂和砂石地基底面宜铺设在同一标高上，如深度不同时，基土面应挖成踏步和斜坡形，搭槎处应注意压（夯）实。（　　）

9. 配料正确，拌和均匀，分层虚铺厚度符合规定，夯压密实，表面无松散、起皮是属于灰土地基质量控制的主控项目。（　　）

10. 在平面布置图上表示条形基础的尺寸与配筋，以平面注写方式为主，以截面注写方式为辅。（　　）

11. 纯砂检查点的干砂质量密度，必须符合设计要求和施工规范的规定，是属于砂石地基质量控制的主控项目。（　　）

12. 条形基础施工图当具体设计仅仅采用一种箍筋间距时，注写钢筋级别、直径、间距与肢数。（　　）

13. 常用的三大定额是：劳动定额、材料消耗定额和机械台班使用定额。（　　）

14. 条形基础和基础梁在混凝土浇筑完毕后 12 h 以内，派专人进行浇水养护，每天不得少于 3 次，使构件表面始终处于湿润状态，浇水养护时间不得少于 14 d。（　　）

15. 锥形基础坡度不超过 30°时，采用斜模板支护，利用螺栓与底板钢筋拉紧，防止上浮，模板上部设透气和振捣孔。（　　）

三、简答题

1. 在冻胀、强冻胀、特强冻胀地基上，应采用什么措施减小冻胀力对条形基础的影响？

2. 请简述灰土地基施工时的准备工作。

3. 在灰土地基施工时应注意哪些质量问题？

4. 试分析砂石地基大面积下沉的原因并阐述防治其发生的具体措施。

5. 请做出条形基础人机料计划确定的步骤的流程图。

6. 请简述条形基础质量检查的主要内容。

学习情境3　筏形基础的施工

【学习目标】

知识目标	能力目标	权重
掌握筏形基础结构施工图的识读方法	能基本识读筏形基础的结构施工图，会编制读图纪要	0.15
熟悉筏形基础在结构上的基本构造要求	能熟练地将筏形基础的基本构造要求运用到识图过程中，会编制图纸会审纪要	0.10
熟悉筏形基础施工人机料计划提出的基本方法	掌握根据施工现场施工进度编制的理论方法	0.15
能正确表述钢筋的进场验收步骤、筏形基础钢筋翻样的基本方法以及其钢筋的制作、安装方法及相应的施工规范要求等	掌握钢筋进场验收的方法、内容和要求；根据施工图，对钢筋进行翻样并形成钢筋下料单；能正确指导操作人员进行各类构件的钢筋的制作、安装	0.15
能正确表述筏形基础模板施工的特点、模板的配板过程、模板的施工方法及施工规范要求等	能正确选用筏形基础模板的种类及规格；进行筏形基础模板的配板设计；指导筏形基础模板的施工（包括模板的定位、安装、检查）	0.15
能正确表述筏形基础混凝土的施工方法及施工规范要求等	指导筏形基础的泵送混凝土施工（包括泵站的选择、管道的支设、混凝土的浇筑、检查），掌握大体积混凝土浇筑的施工工艺	0.15
能正确表述筏形基础施工质量的检查方法及质量控制过程，质量安全事故等级划分及处理程序，筏形基础施工的安全技术措施，筏形基础施工常见的质量事故及其原因	能在筏形基础施工过程中正确进行安全控制、质量控制，分析并处理常见质量问题和安全事故；会使用各种检测仪器和工具	0.15
合　计		1.0

【教学准备】

准备各工种（测量工、架子工、钢筋工、混凝土工等）的视频资料（各院校可自行拍摄或向相关出版机构购买），实训基地、水准仪、全站仪、钢管、模板、钢筋等实训场地、机具及材料。

【教学方法建议】

集中讲授、小组讨论方案、制订方案、观看视频、读图正误对比、下料长度计算、基地实训、现场观摩、拓展训练。

【建议学时】

8(2)学时

筏形基础又叫筏形形基础,即满堂基础,是把柱下独立基础或者条形基础全部用联系梁联系起来,下面再整体浇筑底板。由底板、梁等整体组成。建筑物荷载较大,地基承载力较弱,常采用混凝土底板,承受建筑物荷载,形成筏基,其整体性好,能很好地抵抗地基不均匀沉降。筏形基础分为平板式和梁板式(图3.1)。平板式筏形基础支撑局部加厚筏形类型,梁板式筏形基础支撑肋梁上平及下平两种形式。一般说来地基承载力不均匀或者地基软弱的时候用筏形形基础。筏形形基础埋深比较浅,甚至可以做不埋深式基础。

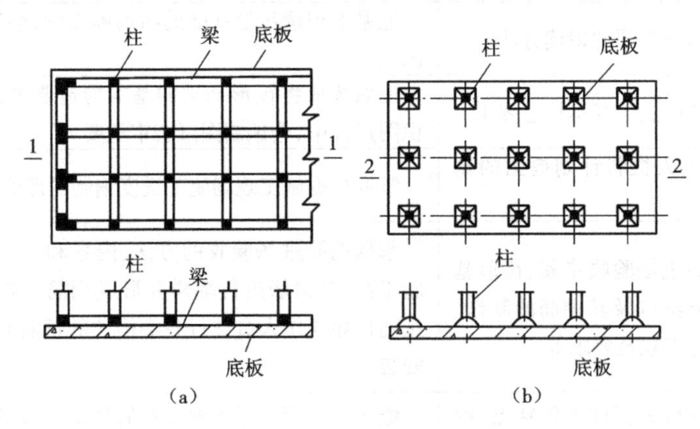

图3.1　筏形基础

(a)梁板式筏形基础　(b)平板式筏形基础

任务1　筏形基础施工图的识读

1.1　筏形基础平法施工图的表示方法

(1)梁板式筏形基础平法施工图,是在基础平面布置图上采用平面注写的方式进行表达。

(2)当绘制基础平面布置图时,应将其所支撑的混凝土结构、钢结构、砌体结构或混合结构的柱、墙平面与基础平面一起绘制。

(3)通过选注基础梁底面与基础平板底面的标高高差来表达两者间的位置关系,可以明确其:"高板位"(梁顶与板顶一平)、"低板位"(梁底与板底一平)、"中板位"(板在梁的中部)三种不同位置组合的筏形基础。

(4)梁板式筏形基础由基础主梁(JIL)、基础次梁(JCL)、梁板筏基础平板(LPB)等构件组成。

1.2　梁板式筏形基础平板的平面注写

1.2.1　梁板式筏形基础平板的平面注写

(1)梁板式筏形基础平板 LPB 的平面注写,分板底部与顶部贯通纵筋的集中标注与板底部附加非贯通纵筋的原位标注两部分内容。当仅设置贯通纵筋而未设置附加非贯通纵筋时,则仅做集中标注。

(2)梁板式筏形基础平板 LPB 贯通纵筋的集中标注,应在所表达的板区双向均为第一跨(X 与 Y 双向首跨)的板上引出(图面从左至右为 X 向,从下至上为 Y 向)。

板区划分条件如下。

①当板厚不同时,相同板厚区域为一板区。

②当因基础梁跨度、间距、板底标高等不同,设计者对基础平板的底部与顶部贯通纵筋分区域采用不同配置时,配置相同的区域为一板区。各板区应分别进行集中标注。

筏形基础集中标注内容规定:注写基础平板的编号,注写基础平板的截面尺寸,注写 h = ××× 表示板厚,注写基础平板的底部与顶部贯通纵筋及其总长度。

先注写 X 向底部(B 打头)贯通纵筋与顶部(T 打头)贯通纵筋,及其纵筋长度范围;再注写 Y 向底部(B 打头)贯通纵筋与顶部(T 打头)贯通纵筋,及其纵筋长度范围。

贯通纵筋的总长度注写在括号中,注写方式为"跨数及有无外伸",其表达形式为:(××)无外伸、(××A)一端有外伸,(××B)两端有外伸。

注:基础平板的跨数以构成柱网的主轴线为准;两主轴线之间无论有几道辅助轴线,均可按一跨考虑。

例:X:BB22@150;TB20@150;(5B)

Y:BB20@200;TB18@200;(7A)

表示基础平板的 X 向底部配置 B22 间距 150 mm 的贯通纵筋,顶部配置 B20 间距 150 mm 的贯通纵筋,纵向总长度为 5 跨两端有外伸;Y 向底部配置 B20 间距 200 mm 的贯通纵筋,顶部配置 B18 间距 200 mm 的贯通纵筋,纵向总长度为 7 跨一端有外伸。

当某向底部贯通纵筋或顶部贯通纵筋的配置,在跨内有两种不同间距时,先注写跨内两端的第一种间距,并在前面加注纵筋根数(以表示其分布的范围);再注写跨中部的第二种间距(不需要加注根数);两者用"/"分隔。

例:X:B12B22@200/150;

Y:T10B20@200/150

表示基础平板的 X 向底部配置 B22 的贯通纵筋,跨两端间距为 200 mm 配置 12 根,跨中间距为 150 mm;Y 向顶部配置 B20 的贯通纵筋,跨两端间距为 200 mm 配置 10 根,跨中间距为 150。

施工及预算方面应注意:当基础平板分板区进行集中标注,且相邻板区板底一平时,两种不同配置的底部贯通纵筋应在两毗邻板跨中配置较小的板跨的跨中连接区域连接。(即配置较大板跨的底部贯通纵筋需越过板区分界线伸至毗邻板跨的跨中连接区域。)

(3)梁板式筏形基础平板 LPB 的原位标注,主要表达横跨基础梁下(板支座)的板底部附加非贯通纵筋。

①原位标注位置:在配置相同的若干跨的第一跨下注写。

②注写内容。在规定的位置水平或垂直穿过基础梁绘制一段中粗虚线代表底部附加非贯通纵筋,在虚线上注写编号、钢筋级别、直径、间距与横向布置的跨数及是否布置到外伸部位(横向布置的跨数及是否布置到外伸部位注写在括号内)以及自基础梁中线分别向两边跨内的纵向延伸长度值。当该筋向两侧对称延伸时,可仅在一侧标注,另一侧不注;当布置在边梁下时,向基础平板外伸部位一侧的纵向延伸长度与方式按标准构造,设计的施工图纸上一般不再进行标注。底部附加非贯通纵筋相同者,可仅在一根钢筋上注写,其他可仅在中粗虚线上注写编号。

③注写修正内容。

当集中标注的某些内容不适用于梁板式筏形基础平板某板区的某一板跨时,可在该跨内以文字注明,施工时按文字注明数值取用。

当若干基础梁下基础平板的底部附加非贯通纵筋配置相同时(其底部、顶部的贯通纵筋可以不同),可仅在一根基础梁下做原位标注,并在其他梁上注明“该梁下基础平板底部附加非贯通纵筋同××基础梁”。

1.3 平板式筏形基础平板的平面注写

(1)平板式筏形基础平板 BPB 的平面注写,分板底部与顶部贯通纵筋的集中标注与板底部附加非贯通纵筋的原位标注两部分内容。当仅设置贯通纵筋而未设置附加非贯通纵筋时,则仅做集中标注。

(2)平板式筏形基础平板 BPB 贯通纵筋的集中标注,同梁板式筏形基础平板 LPB 贯通纵筋的集中标注的规定

(3)平板式筏形基础平板 BPB 的原位标注,主要表达横跨柱中心线下的底部附加非贯通纵筋。

①原位标注位置:在配置相同的若干跨的第一跨下注写。

②注写内容。在规定的位置水平或垂直穿过基础梁绘制一段中粗虚线代表底部附加非贯通纵筋,在虚线上注写编号、钢筋级别、直径、间距与横向布置的跨数及是否布置到外伸部位(横向布置的跨数及是否布置到外伸部位注写在括号内)以及自基础梁中线分别向两边跨内的纵向延伸长度值。当该筋向两侧对称延伸时,可仅在一侧标注,另一侧不注;当布置在边梁下时,向基础平板外伸部位一侧的纵向延伸长度与方式按标准构造,设计的施工图纸上一般不再进行标注。底部附加非贯通纵筋相同者,可仅在一根钢筋上注写,其他可仅在中粗虚线上注写编号。

③当某些柱中心线下基础平板的底部附加非贯通纵筋配置相同时(其底部、顶部的贯通

纵筋可以不同)，可仅在一根中心线下做原位标注，并在其他柱中心线上注明“该柱中心线下基础平板底部附加非贯通纵筋同××柱中心线”。

任务2　筏形基础的构造会审

建筑物采用何种基础形式，与地基土类别及土层分布情况密切相关。筏形基础既能充分发挥地基承载力，调整不均匀沉降，又能满足停车库的空间使用要求，因而就成为较理想的基础形式。平板式筏形基础由于施工简单，在高层建筑中得到广泛的应用。通常情况下，筏形基础在构造上有以下要求。

(1)筏形基础的平面布置尽量使建筑物重心与筏基平面的形心重合。筏基边缘宜外挑，挑出宽度应由地基条件、建筑物场地条件、柱距及柱荷载大小、使地基反力与建筑物重心重合或尽量减少偏心等因素综合确定，一般情况下，挑出宽度为边跨柱距的1/4～1/3。

(2)筏形基础的地基承载力验算一般是假定地基均匀，筏形为刚性板，基底反力按直线分布，然后按照规范相应的公式进行计算。

(3)筏形基础的厚度由抗冲切和抗剪强度确定，同时要满足抗渗要求，局部柱距及柱荷载较大时，可在柱下板底加墩或设置暗梁且配置抗冲切箍筋，来增加板的局部抗剪切能力，避免因少数柱而将整个筏形加厚。除强度验算控制外，还要求筏形基础有较强的整体刚度。一般经验是筏形的厚度按地面上楼层数估算，每层需板厚50～80 mm。

(4)筏形板筋宜双向双层配置，局部柱距较大及内力较大处钢筋间距可局部加密，配筋率≥0.15%。筏形厚度变化处或标高变化处，宜采用放斜角平滑过渡，避免应力集中。

(5)梁板式筏形基础的柱、梁、板之间的锚固和连接首先得满足设计要求，若设计无明确要求的，可参照相关图集。

(6)底板钢筋接驳位置任意，但相邻接头位置应错开1 000 mm以上，且任一断面的接头数不超过钢筋总数的25%。

(7)必须采取有效措施确保地下室底板双层双向钢筋、柱插筋的位置准确。板底钢筋应设M15水泥砂浆垫块或工程塑料垫块，板面钢筋和板底钢筋之间采用马凳钢筋进行支撑，马凳钢筋的做法要满足设计要求或者相关规范要求。

(8)梁板式筏形基础的底板和基础梁的配筋除满足计算要求外，纵横方向的底部钢筋尚应有1/3～1/2贯通全跨，且其配筋率不应小于0.15%，顶部纵向钢筋按计算配筋全部连通，并不是全部锚入支座，这是对筏形的整体弯曲影响通过构造措施予以保证。

(9)梁板式筏形基础底板钢筋接头位置在内力较小部位，宜采用搭接接头或机械连接。

(10)顶部钢筋全部拉通，接头位置在支座l/4范围连接，下部支座贯通钢筋在跨中l/3范围连接。

(11)基础底板上平时，基础底板上部跨中钢筋位于基础梁顶部钢筋之下。

会审的其他相关内容请参照学习情境1和学习情境2。

任务3　筏形基础人机料计划的编制

3.1　施工进度计划概述

施工进度计划是指规定主要施工准备工作和主体工程的开工、竣工和投产发挥效益等工期、施工程序和施工强度的技术文件。施工进度计划分为施工总进度计划、单位工程施工进度计划,分部分项工程进度计划和季度(月、旬、周)进度计划四个层次。这里讲述的筏形基础施工进度计划属于分部分项工程的进度计划。

最广为接受的施工进度记录形式是每日施工报告,它由驻地项目代表,或者由承包商的质量控制代表逐日填写,即使在施工现场的某天并未开工,也应该这么做。这种报告通常会被制成多份复印件。

作为工程进度记录,制作每日报告很有必要。它与工程监理人员的日志相结合,保证有两种类型的独立文档记录。在这种方式下,在日志中记录的专有信息越多,在每日施工进度报告中的施工进度就越真实,因为它反映的信息更广泛更完整。

3.2　施工进度计划的编制

3.2.1　编制原理

施工进度计划的编制原则是:从实际出发,注意施工的连续性和均衡性;按合同规定的工期要求,做到好中求快,提高竣工率;讲求综合经济效果。

施工进度计划的编制是按流水作业原理的网络计划方法进行的。流水作业是在分工协作和大批量生产的基础上形成的一种科学的生产组织方法。这样既保证了各施工队组工作的连续性,又使后一道工序能提前插入施工,充分利用了空间,又争取了时间,缩短了工期,使施工能快速而稳定地进行。利用网络计划方法编制施工进度计划可将整个施工进程联系起来,形成一个有机的整体,反映出各项工作(工程或工序)的工艺联系和组织联系,能为管理人员提供各种有用的管理信息。

3.2.2　编制作用

根据组织施工的原则,以最少的劳动力和技术物资资源,保证在规定的工期内完成质量合格的产品。通过施工进度计划,可以确定单位工程各个施工过程的施工顺序、施工持续时间以及相互间的配合,确定施工所必需的劳动力和物资资源的需要量。

3.2.3　编制步骤

1. 划分施工过程

筏形基础可以根据施工图和实际施工需要把筏形基础的施工过程划分为:挖土方→地基夯实→浇筑混凝土垫层→支设模板→绑扎钢筋→浇筑混凝土→混凝土养护。

2. 计算工作量

根据图纸计算工程量,再根据施工组织设计和现场实际情况计算符合现场实际的工作量。

3. 确定各个施工过程的持续施工时间

根据实际工作量,并查阅相关定额,按照前一学习情境介绍的定额计算法,计算施工过程的持续施工时间。

4. 编制施工进度计划的初始方案

在既定施工方案的基础上,根据规定的工期和各种资源供应条件,对工程中的各单位、分部、分项工程的施工顺序、施工起止时间及衔接关系进行合理安排,编制出基本可行的初始施工进度计划方案。

5. 检查和调整施工进度计划的初始方案

在施工进度计划的实施过程中,必须要用实际值和目标值进行比较,当发生偏差时,要进行分析,然后采取有针对性的措施进行纠偏。

任务4　筏形基础的钢筋施工

4.1　筏形基础钢筋施工的准备工作

4.1.1　材料及主要机具

(1)钢筋:钢筋的级别、直径必须符合设计要求,应无老锈和油污。钢筋要有出厂质量证明书及复试报告。

(2)绑扎铁丝:20~22号火烧丝。

(3)垫块:用水泥浆制成50 mm×50 mm×保护层设计厚度的块体。

(4)主要机具:电焊机、钢筋扳子、钢筋钩等。

4.1.2　作业条件

(1)地基已经验槽,并将地基清理干净,并分别办完隐检或预检手续。

(2)项目部及其劳务班组已经层层进行了钢筋绑扎的技术交底工作,并已经形成技术交底的相关手续。

4.2　施工工艺和质量检查

4.2.1　工艺流程

施工工艺流程:清理板面及板缝,并整理板甩出的筋→绑扎板缝筋→绑扎吊环双向筋→绑扎支座负弯短筋→质量检验。

4.2.2　负弯矩筋的设置

绑扎支座负弯矩筋,其保护层保证不大于 20 mm,其与架立筋每扣均绑扎,负弯矩筋下加设钢筋马凳,以保证负弯矩筋正确的空间位置。

4.2.3　质量检查标准

1. 保证项目

(1)钢筋的品种和质量必须符合设计要求和有关标准的规定。

检验方法:检查出厂质量证明书和试验报告。

(2)冷拔低碳钢筋的力学性能必须符合设计要求和施工规范的规定。

检验方法:检查出厂质量证明书、试验报告和冷拔记录。

(3)钢筋的表面必须清洁,带有颗粒状或片状老锈,经除锈后仍留有麻点的钢筋,严禁按原规格使用。

检验方法:观察检查。

(4)钢筋的规格、形状、尺寸、数量、锚固长度和接头设置,必须符合设计要求和施工规范的规定。

检验方法:观察或尺量检查。

2. 基本项目

(1)缺扣、松扣的数量不超过绑扣数的 10% ,且不应集中。

检验方法:观察和手扳检查。

(2) 钢筋弯钩朝向正确,绑扎接头、搭接长度符合施工规范的要求。

检验方法:观察和尺量检查。

(3)弯钩角度和平直长度符合施工规范的规定。

检验方法:观察和尺量检查。

(4)点焊焊点无裂纹和多孔性缺陷,焊点处熔化金属均匀、无烧伤。

检验方法;用小锤、放大镜检查。

允许偏差项目见表 3.1。

表3.1　允许偏差

项次	项　目		允许偏差/mm	检验方法
1	受力筋间距		±10	尺量两端,中间各取一点,取其最大值
2	绑扎构造筋间距		±20	尺量连续三档,取其最大值
3	焊接构造间距		±10	尺量连续三档,取其最大值
4	位置	中心线位移	5	尺量检查
		水平高差	+3,-0	尺量检查
5	受力钢筋保护层		±3	尺量检查

4.2.4　成品保护

(1)支座负弯矩筋绑扎后,不准踩在其上作业或行走,并派专人看护和修整,保持其正确的空间位置。

(2)安装水电管线时,不得任意切断和移动已绑好的钢筋。

4.2.5　常见质量问题及处理

(1)支座负弯矩空间位置不准者,应加强成品保护和设置钢筋马凳,马凳钢筋可依据现场实际情况适量加密。负弯矩筋间距不均,端头不在一条直线上者,应加强间距标志划分和端头拉线绑扎。

(2)吊环双向通长 $\phi8$ 筋,入跨长度不足,或一端长,一端短者,配筋要正确,绑扎要排除障碍,使入跨长度到位,两端均匀。

任务5　筏形基础的模板施工

本部分将以组合钢框木(竹)胶合板模板为载体,讲述筏形基础模板施工的工艺和质量控制要点。

5.1　筏形基础模板施工的准备工作

5.1.1　材料及主要机具

(1)钢框木(竹)胶合板块:长度为900 mm、1 200 mm、1 500 mm、1 800 mm和2 400 mm,宽度为300 mm、450 mm、600 mm和750 mm。宽度为100 mm、150 mm和200 mm的窄条,配以组合钢模板。

(2)定型钢角模:阴角模 150 mm × 150 mm × 900 mm (1 200 mm、1 500 mm、1 800 mm),阳角模 150 mm × 150 mm × 900 mm(1 200 mm、1 500 mm、1 800 mm),可调阴角模 250 mm × 250 mm × 900 mm(1 200 mm、1 500 mm、1 800 mm)、可调 T 形调节模板、L 形可调模板和连接角模等。

(3)连接附件:U 形卡、扣件、紧固螺栓、钩头螺栓、L 形插销、穿墙螺栓、防水穿墙拉杆螺栓、柱模定型箍。

(4)支撑系统:定型空腔龙骨(桁架梁)、碗扣立杆、横杆、斜杆、双可调早拆翼托、单可调早拆翼托、立杆垫座、立杆可调底座、模板侧向支腿、木方。

(5)脱模剂:水质隔离剂。

(6)工具:铁木榔头、活动(套口)扳子、水平尺、钢卷尺、托线板、轻便爬梯、脚手板、吊车等。

5.1.2 作业条件

1.模板设计

(1)确定所建工程的施工区、段划分。根据工程结构的形式、特点及现场条件,合理确定模板工程施工的流水区段,以减少模板投入,增加周转次数,均衡工序(钢筋、模板、混凝土工序)工程的作业量。

(2) 确定结构模板平面施工总图。在总图中标志出各种构件的型号、位置、数量、尺寸、标高及相同或略加拼补即相同的构件的替代关系并编号,以减少配板的种类、数量,明确模板的替代流向与位置。

(3) 确定模板配板平面布置及支撑布置。根据总图对梁、板、柱等尺寸及编号设计出配板图,标注不同型号、尺寸单块模板平面布置,纵横龙骨规格、数量及排列尺寸,柱箍选用的形式及间距,支撑系统的竖向支撑、侧向支撑、横向拉接件的型号、间距。预制拼装时,还应绘制标注组装定型的尺寸及其与周边的关系。

(4) 绘图与验算:在进行模板配板布置及支撑系统布置的基础上,要严格对强度、刚度及稳定性进行验算,合格后要绘制全套模板设计图,其中包括,模板平面布置配板图、分块图、组装图、节点大样图、零件及非定型拼接件加工图。

(5) 轴线、模板线放线完毕,水平控制标高引测到预留插筋或其他过渡引测点,并办好预检手续。

(6)模板承垫底部,沿模板内边线用 1:3水泥砂浆,根据给定标高线准确找平。外墙、外柱的外边根部,根据标高线设置模板承垫木方,以保证标高准确和不漏浆。

(7)设置模板(保护层)定位基准,即在墙、柱主筋上距地面 50 ~ 80 mm,根据模板线,按保护层厚度焊接水平支杆,以防模板水平位移。

(8)柱、墙、梁模板钢筋绑扎完毕,水电管线、预留洞,预埋件已安装完毕,绑好钢筋保护层垫块,并办完隐预检手续。

5.1.6　预组拼装模板

(1)拼装模板的场地应夯实平整,条件允许时应设拼装操作平台。

(2)按模板设计配板图进行拼装,所有卡件连接件应有效的固紧。

(3)柱子、墙体模板在拼装时,应预留清扫口、振捣口。

(4)组装完毕的模板,要按图纸要求检查其对角线、平整度、外形尺寸及紧固件数量是否有效、牢靠,并涂刷脱模剂,分规格堆放。

5.2　筏形基础模板施工工艺与质量控制

筏形基础可以根据现场实际情况,将地基夯实并采用一定强度的细石混凝土做垫层,并以此垫层作为筏形基础的底模。筏形基础的柱子模板和梁模板的施工工艺和质量可以参考主体结构柱子和梁模板的施工工艺进行施工。

5.2.1　混凝土垫层的施工

混凝土垫层是钢筋混凝土基础与地基土的中间层,用素混凝土浇筑。其作用是使其表面平整便于在上面绑扎钢筋和保护基础。如有钢筋则不能称其为垫层,应视为基础底板。

1. 材料及主要机具

(1)水泥:宜用32.5号硅酸盐水泥、普通硅酸盐水泥或矿渣硅酸盐水泥。

(2)砂:中砂或粗砂,含泥量不大于5%。

(3)石子:卵石或碎石,粒径为5~32 mm,含泥量不大于2%。

(4)混凝土搅拌机、磅秤、手推车或翻斗车、尖铁锹、平铁锹、平板振捣器、串筒或溜管、刮框、木抹子、胶皮水管、铁錾子、钢丝刷。

2. 工艺流程

施工工艺流程:基层处理→找标高、弹水平控制线→混凝土搅拌→铺设混凝土→振捣→养护。

(1)基层处理:把黏结在混凝土基层上浮浆、松动混凝土、砂浆等用錾子剔掉,用钢丝刷刷掉水泥浆皮,然后用扫帚扫净。

(2) 找标高:根据现场实际控制点找出垫层顶面标高,并做标记。

(3) 混凝土搅拌:根据配合比(其强度等级不低于设计要求),核对后台原材料,检查磅秤的精确性,做好搅拌前的一切准备工作。后台操作人员认真按混凝土的配合比投料,每盘投料顺序为石子→水泥→砂→水。应严格控制用水量,搅拌要均匀,搅拌时间不少于90 s。

(4) 铺设混凝土:混凝土垫层厚度应按照设计要求。为了控制垫层的平整度,首层地面可在填土中打入小木桩(30 mm×30 mm×200 mm),拉水平标高线在木桩上做垫层上平的标记(间距2 m左右)。在楼层混凝土基层上可抹100 mm×100 mm,找平墩(用细石混凝土),墩上平为垫层的上标高。

大面积地面垫层应分区段进行浇筑。区段应结合变形缝位置、不同材料的地面面层的连接处和设备基础位置等进行划分。

铺设混凝土前先在基层上洒水湿润，刷一层素水泥浆（水灰比为0.4～0.5），然后从一端开始铺设，由室内向外退着操作。

（5）振捣：用铁锹铺混凝土，厚度略高于找平堆，随即用平板振捣器振捣。厚度超过200 mm时，应采用插入式振捣器，其移动距离不大于作用半径的1.5倍，做到不漏振，确保混凝土密实。

混凝土振捣密实后，以墙上水平标高线及找平堆为准检查平整度，高的铲掉，凹处补平。用水平木刮杠刮平，表面再用木抹子搓平。有坡度要求的地面，应按设计要求的坡度施工。

（6）养护：已浇筑完成的混凝土垫层，应在12 h左右覆盖和浇水，一般养护不得少于7 d。

冬期施工操作时，环境温度不得低于+5 ℃。如在负温下施工时，所掺防冻剂必须经试验室试验合格后方可使用。氯盐掺量不得大于水泥质量的3%。小于等于C10的混凝土，在受冻前混凝土的抗压强度不得低于5.0 N/mm^2。

3. 质量标准

1）保证项目

（1）混凝土所用的水泥、水、骨料、外加剂等必须符合施工规范和有关的规定。

（2）混凝土的配合比、原材料计量、搅拌、养护和施工缝处理等必须符合施工规范的规定。

（3）评定混凝土强度的试块，必须按《混凝土强度检验评定标准》（GB/T 50107—2010）的规定取样、制作、养护和试验，其强度必须符合施工规范的规定。

2）允许偏差项目

允许偏差项目见表3.2。

表3.2　允许偏差项目

序号	项目	允许偏差/mm	检验方法
1	表面平整度	10	用2 m靠尺和楔形塞尺检查
2	标高	±10	用水平仪检查
3	坡度	不大于房间相对尺寸的2/1 000，且不大于30	用坡度尺检查
4	厚度	在个别地方不大于设计厚度的1/10	尺量检查

5.2.2　柱模的施工

1. 柱模单块就位组拼工艺流程

柱模单块就位组拼工艺流程：搭设安装架子→第一层模板安装就位→检查对角线、垂直度和位置→安装柱箍→第二、三层柱模板及柱箍安装→安有梁口的柱模板→全面检查校正→群体固定。

2. 柱模单块板就位安装施工操作要点

(1)柱子四面每面带一阴角模或连接角模,用U形卡正反交替连接。

(2)使模板四面按给定柱截面线就位,并使之垂直,对角线相等。

(3)用定型柱套箍固定,楔板到位,销铁插牢。

(4)以第一层模板为基准,以同样方法组拼第二、三层,直到带梁口柱模板。用U形卡对竖向、水平接缝正反交替连接。在适当高度进行支撑和拉结,以防倾倒。

(5)对模板的轴线位移、垂直偏差、对角线、扭向等全面校正,并安装定型斜撑,或将一般拉杆和斜撑固定在预先埋在楼板中的钢筋环上,每面设两个拉(支)杆,与地面成45°。以上述方法安装一定流水段的模板。检查安装质量,最后进行群体的水平拉(支)杆及剪刀支杆的固定。

(6)将柱根模板内清理干净,封闭清理口。

3. 单片预组拼柱模板工艺流程

单片预组拼柱模板工艺流程:单片预组拼柱组拼→第一片柱模就位→第二片柱模就位用角模连接→安装第三、四片柱模→检查柱模对角线及位移并纠正→自下而上安装柱箍并做斜撑→全面检查安装质量→群体柱模固定。

4. 单片预组拼模板安装施工要点

(1)先将柱子第一层四面模板就位组拼好,每面带一阴角模或连接角模,用U形卡正反交替连接。

(2)使模板四面按给定柱截面线就位,并使之垂直,对角线相等。

(3)用定型柱套箍固定,楔板到位,销铁插牢。

(4)以第一层楼板为基准,以同样方法组拼第二、三层,直至到带梁口柱模板。用U形卡对竖向、水平接缝正反交替连接。在适当高度进行支撑和拉结,以防倾倒。

(5)对模板的轴线位移、垂直偏差、对角线、扭向等全面校正,并安装定型斜撑,或将一般拉杆和斜撑固定在预先埋在楼板中的钢筋环上,每面设两个拉(支)杆,与地面成45°。以上述方法安装一定流水段的模板。检查安装质量,最后进行群体的水平拉(支)杆及剪刀支杆的固定。

(6)将柱根模板内清理干净,封闭清理口。

5.2.3　梁模的施工

1. 梁模板单块就位安装工艺流程

梁模板单块就位安装工艺流程:弹出梁轴线及水平线并复核→搭设梁模支架→安装梁底楞或梁卡具→安装梁底模板→梁底起拱→绑扎钢筋→安装侧梁模→安装另一侧梁模→安装上下锁口楞、斜撑楞及腰楞和对拉螺栓→复核梁模尺寸、位置→与相邻模板连固。

2. 梁模板单块就位安装施工要点

(1)在柱子混凝土上弹出梁的轴线及水平线(梁底标高引测用)。

(2)安装梁模支架之前,首层为土壤地面时应平整夯实;无论首层是土壤地面或楼板地面,在专用支柱下脚要铺设通长脚手板,并使楼层间的上下支座在一条直线上。支柱一般采用双排(按设计要求),间距以600～1 000 mm为宜。支柱上连固100 mm×100 mm木楞(或定型钢楞)或梁卡具。支柱中间和下方加横杆或斜杆,立杆加可调底座。

(3)在支柱上调整预留梁底模板的厚度,符合设计要求后,拉线安装梁底模板并找直,底模上应拼上连接角模。

(4)在底模上绑扎钢筋,经验收合格后,清除杂物,安装梁侧模板,将两侧模板与底板连接角模用U形卡连接。用梁卡具或安装上下锁口楞及外竖楞,附以斜撑,其间距一般宜为750 mm。当梁高超600 mm时,需加腰楞,并穿对拉螺栓(或穿墙螺栓)加固。侧梁模上口要拉线找直,用定型夹子固定。

(5)复核检查梁模尺寸,与相邻梁柱模板连接固定。有楼板模板时,在梁上连接阴角模,与板模拼接固定。

3. 梁模板单片预组合模板安装工艺流程

梁模板单片预组合模板安装工艺流程:弹出梁轴线及水平线并做复核→搭设梁模支架→预组拼模板检查→底模吊装就位安装→起拱→侧模安装→安装侧向支撑或梁夹固定→检查梁口平直模板尺寸→卡梁口卡→与相邻模板连固。

4. 梁模板单片预组合模板安装施工要点

检查预组拼模板的尺寸、对角线、平整度、钢楞的连接、吊点的位置、梁的轴线及标高,符合设计要求后,先把梁底模吊装就位于支架上,与支架连固并起拱。分别吊装梁两侧模板,与底模连接。安装侧支撑固定,检查梁模位置、尺寸无误后,再将钢筋骨架吊装就位,或在梁模上绑扎入模就位。卡上梁上口卡,与相邻模板连固。其操作细节要点同单块就位安装工艺。

任务6　筏形基础的混凝土施工

筏形基础中梁的混凝土浇筑可以参考独立基础和条形基础中地梁的浇筑工艺和质量控制要求,筏形基础中柱的混凝土浇筑工艺和质量控制要求可以参考主体施工中柱子的混凝土浇筑。在实际工程中,筏形基础的底板截面尺寸往往较大,混凝土浇筑的方量也很大,在实际工程中,往往将筏形基础底板混凝土浇筑视作大体积混凝土的浇筑。因此本任务将讨论大体积混凝土施工的工艺。

6.1　大体积混凝土的概念及温度裂缝

6.1.1　基本概念

大体积混凝土是指结构断面最小尺寸在800 mm以上,或者水化热引起混凝土内的最高温度与外界气温之差，预计超过25 ℃的混凝土。水泥水化热使结构产生温度和收缩变形，应采取相应的措施，尽可能减少温度变形引起的开裂。大体积混凝土应控制混凝土温度变形裂缝，以提高混凝土的抗渗、抗裂、抗侵蚀性能，从而提高建筑结构的耐久年限。

6.1.2　大体积混凝土的温度裂缝及控制措施

大体积混凝土的温度裂缝分为两种：表面裂缝和贯穿裂缝。

1. 表面裂缝

混凝土随着温度的变化而发生膨胀或收缩，称为温度变形。在混凝土浇筑初期，水泥产生大量的水化热，使混凝土的温度很快上升。产生内外温度差，形成内约束。结果在混凝土内部产生压应力，面层产生拉应力。当拉应力超过混凝土该龄期的抗拉强度时，混凝土表面就产生裂缝。工程实践表明，混凝土内部的最高温度多数发生在混凝土浇筑后的最初3 ~5 d。大体积混凝土常见的裂缝大多数是发生在早期的不同深度的表面裂缝。

2. 贯穿裂缝

当混凝土内部温度升到最高值后，温度开始下降，此阶段属降温阶段。降温的结果引起混凝土的收缩，同时由于混凝土中多余水分的蒸发等引起的混凝土体积收缩变形，受到地基和结构边界条件的约束不能自由变形，而导致产生较大的外部约束拉应力。约束拉应力超过混凝土龄期的抗拉强度时，则从约束面开始向上开裂成收缩裂缝。由外约束应力产生的裂缝常为垂直裂缝，且发生在结构断面的中点，并靠近基岩，说明水平拉应力是引起这种裂缝的主要应力。当水平拉应力足够大，严重时可能导致混凝土结构产生贯穿裂缝，破坏了结构的整体性、耐久性和防水性，影响正常使用。因此，必须杜绝贯穿裂缝的发生。

3. 温度裂缝的控制

温度应力是产生温度裂缝的根本原因，一般将温差控制在20 ~25 ℃范围内时，不会产生温度裂缝 。因此可采取以下措施：

(1)选用水化热较低的水泥；

(2)在保证混凝土强度的条件下，尽量减少水泥用量；

(3)尽量降低混凝土的用水量；

(4)尽量降低混凝土的入模温度，规范要求混凝土浇筑温度不宜超过28 ℃，且选择室外气温较低时进行工；

(5)必要时可在混凝土内部埋设冷却水管，利用循环水来降低混凝土温度。

(6)粗骨料宜选用粒径较大的卵石，应尽量降低砂石的含泥量，以减少混凝土的收缩量；

(7)为减少水泥用量提高混凝土的和易性，在混凝土中掺入适量的矿物掺料，如粉煤灰，也可采用减水剂；

(8)对表层混凝土做好保温措施，以减少表层混凝土热量的散失，降低内外温差；

(9)尽量延长混凝土的浇筑时间，以便在浇筑过程中尽量多地释放出水化热，可在混凝土中掺加缓凝剂，尽量减薄浇筑层厚度等；

(10)从混凝土表层到内部设置若干个温度观测点，加强观测，一旦出现温差过大的情况，便于及时处理。

6.2 大体积混凝土的浇筑

6.2.1 大体积混凝土的浇筑方法

大体积混凝土的浇筑应根据整体连续浇筑的要求,结合结构尺寸的大小、钢筋疏密、混凝土供应的具体情况,合理分段分层进行。大体积混凝土浇筑的方法有全面分层、分段分层和斜面分层,如图3.2所示。

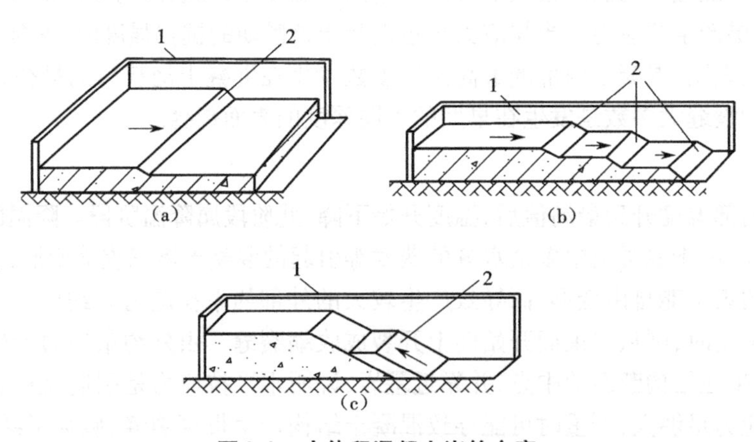

图3.2 大体积混凝土浇筑方案

(a)全面分层 (b)分段分层 (c)斜面分层

1—模板;2—新浇筑混凝土

6.2.2 大体积混凝土的测温

大体积混凝土浇筑时,应对混凝土进行温度监测和控制,以掌握大体积混凝土的升温和降温的变化规律。应选择具有代表性和可比性的位置布置测温点,并且应制定严格的测温制度进行混凝土内部不同深度和表面温度的测量,测温时宜采用热电偶或半导体液晶显示温度计。在测温过程中,当发现混凝土内外温差超过25 ℃时,应及时加强保温或延缓拆除保温材料,以防止混凝土产生过大的温差应力和裂缝。

6.2.3 大体积混凝土的工艺流程

大体积混凝土的工艺流程:施工准备→清理和润湿模板→钢骨架、钢筋、预埋件设置→埋设热电偶或测温线→混凝土配合比选择→混凝土搅拌→混凝土运输→混凝土浇筑(分层分段)→混凝土养护→测温。

1. 操作工艺

1)施工准备

混凝土浇筑前应备足所需原材料和配备好混凝土、搅拌机、振捣器、材料计量器、混凝土运输设备和做好大体积混凝土结构物的基层。

2）清理模板（施工现场）

配制好大体积混凝土结构物的侧模板；清理混凝土基层并浇水润湿，但不得有积水。

3）钢骨架、钢筋、预埋件设置

安装好钢骨架、绑扎或焊接钢筋，埋设好预埋件，并检查其位置准确性，做好隐检记录，进行隐蔽验收。

4）埋设热电偶

埋设好热电偶，检查位置是否正确，注意埋入深度和相邻热电偶的间距，做好记录。

5）混凝土配合比选择

应根据使用的材料，通过试配确定混凝土材料的配合比，严格控制其准确性，在现场应进行试件的检测，材料的配合比偏差不得超过规定的数值。①水泥和干燥状态的掺和料：按质量计允许偏差为2%。②砂、石子：按质量计允许偏差为5%。③水、潮湿状态的掺和料：允许偏差为1%。

6）混凝土的浇筑

禁止用吊车在高处直接往模内下料，混凝土自高处倾落时，自由倾落高度不超过2 m。如超过2 m时，应设串筒或溜槽，以保证混凝土不发生离析现象。大体积混凝土结构工程整体性要求高，混凝土必须边浇筑，边振捣，一般应分层浇筑，分层捣实。根据整体性要求，结构大小、钢筋疏密，混凝土供应等具体情况，可选用相应的浇筑方案。

7）混凝土的振捣

因混凝土中有不少钢筋，振动棒应垂直插入，振捣混凝土时，振动棒不得碰撞钢筋、预埋件。

振动棒的操作，应做到“快插慢拔”。快插是为了防止先将表面混凝土振实，而与下面混凝土发生分层、离析现象。慢拔是为了使混凝土能填满振动棒抽出时所造成的空隙。在振动混凝土过程中，宜将振动棒上下略有抽动，以便上下振动均匀。

每一插点要掌握好振捣时间，过短不易捣实混凝土，过长可能引起混凝土离析，一般每一插点振捣时间为20～30 s，以混凝土开始泛浆和不再出现气泡为准。浇筑混凝土每振捣完一段，应随即用铁锹摊平拍实，在快要达到初凝时，应再进行二次收光。

8）表面处理

由于混凝土浮浆较多及坍落度较大，会在表层钢筋下部产生水分，或在表层钢筋上部的混凝土产生细小裂缝。为了防止出现这种裂缝，在混凝土预沉后和在混凝土初凝前采取二次抹面压实措施。即在浇筑后2～8 h，初步按标高用长尺刮平，然后用木搓板压数遍，使其表面密实，在初凝前再用铁搓板压实，以闭合收水裂缝，可较好的控制混凝土表面龟裂，减少混凝土表面水分的散发，促进混凝土的养护。

9）混凝土养护

混凝土振捣平整完毕，采用塑料布及时密封养护，上面盖草垫一至二层；夏天则蓄水养护，防止混凝土脱水龟裂。加盖保温材料与蓄水能有效控制混凝土内部和表面的温度差以及混凝土表面和大气空间温度差均小于25 ℃，以防止混凝土因温差应力而产生裂缝。

保温材料拆除时间同样以温度差小于25 ℃而定,一般混凝土浇筑完毕的第三、四、五天为升温的高峰,其后逐渐降温,保温材料的拆除以10 d以上为妥。降温速度不宜过快,其后逐渐降温,保温材料的拆除以10 d以上为妥。降温速度不宜过快,以防产生温差应力裂缝。保温材料拆除后,仍应浇水养护,浇水养护应不少于20 d。

10)测温工作

在大体积混凝土工程中,为了控制混凝土内部和混凝土外部之间的温差以及校验计算值与实测值的差别,随时掌握混凝土温差动态,可采用热电偶进行测温,同时还可以配用普通玻璃棒式温度计进行校验。

一般情况是,热电偶的埋入深度为800~1 000 mm,相邻两热电偶的间距在水平方向为2 000~2 500 mm,在高度方向为1 000~1 500 mm,距边角和表面应不小于500 mm。在测温过程中,当发现温差超过25 ℃时,应及时加强保温或从缓拆除保温材料,以防产生混凝土温度应力裂缝。

任务7　筏形基础的质量及安全控制

筏形基础的质量控制内容包括主控项目和一般项目,主要是按照模板、钢筋和混凝土三大分项工程来进行控制,这三大部分控制的内容、标准、方法及要求已在前面各情境中进行了详细阐述,本任务仅就筏形基础施工的安全控制做一简要说明。

(1)严格遵循安全生产制度、安全操作规程以及各项安全技术措施和操作规程,做好安全技术交底,加强安全检查。

(2)凡进入现场施工人员,应经过公司、项目部、生产班组三级的安全教育,具备一定安全知识,并与项目安全部门签订有关安全施工的责任合同。

(3)振捣器的电源胶皮线要常检查,防止破损,操作时戴绝缘手套,穿胶鞋。

(4)夜间施工,运输道路及施工现场应架设照明设备。

(5)浇筑混凝土使用的溜槽或串筒节间必须连接牢固,操作部位应有护栏,不准站在溜槽带上操作。

习　题

一、不定项选择题

1. 梁板式筏形基础主要由(　　)、(　　)基础平板等构成。

A. 基础主梁　　B. 柱子　　C. 基础次梁　　D. 挑梁

2. 在工程中以(　　)表示平板式筏形基础平板。

A. LPB　　B. BPB　　C. GZ　　D. XQL

3. 筏基边缘宜外挑,挑出宽度应由地基条件、建筑物场地条件、柱距及柱荷载大小、使地基反力与建筑物重心重合或尽量减少偏心等因素综合确定，一般情况下，挑出宽度为边跨柱距的(　　)。

A. 1/5 ~ 1/4　　B. 1/3 ~ 1/2　　C. 1/5 ~ 1/3　　D. 1/4 ~ 1/3

4. 筏形的厚度按照一般经验是按地面上楼层数估算，每层需板厚(　　)。

A. 40 ~ 60 mm　　B. 30 ~ 50 mm　　C. 50 ~ 80 mm　　D. 40 ~ 70 mm

5. 梁板式筏形基础的底板和基础梁的配筋除满足计算要求外，纵横方向的底部钢筋尚应有(　　)贯通全跨，且其配筋率不应小于(　　)。

A. 1/3 ~ 1/4　　B. 1/2 ~ 1/3　　C. 0. 20%　　D. 0. 15%

6. 筏形基础顶部钢筋全部拉通，接头位置在支座(　　)范围连接；下部支座贯通钢筋在跨中(　　)范围连接。

A. 1/4　　B. 1/2　　C. 1/5　　D. 1/3

7. (　　)是钢筋混凝土基础与地基土的中间层，用素混凝土浇制，作用是使其表面平整便于在上面绑扎钢筋，也起到保护基础的作用，都是素混凝土的，无须加钢筋。如有钢筋则不能称其为垫层，应视为基础底板。

A. 混凝土垫层　　B. 水泥砂浆保护层

C. 钢筋混凝土保护层　　D. 浮浆层

8. 已浇筑完的混土垫层，应在(　　)左右覆盖和浇水，一般养护不得少于(　　)。

A. 6 h　　B. 7 d　　C. 12 h　　D. 21 d

9. 大体积混凝土浇筑的方法有(　　)。

A. 全面分层　　B. 分段分层　　C. 斜面分层　　D. 一次浇筑

10. 加盖保温材料与蓄水能有效控制混凝土内部和表面的温度差以及混凝土表面和大气空间温度差均小于(　　)℃，以防止混凝土因温差应力而产生裂缝。

A. 20　　B. 25　　C. 30　　D. 35

11. 振动棒的操作，应做到"快插慢拔"，(　　)是为了防止先将表面混凝土振实，而与下面混凝土发生分层、离析现象。

A. 慢拔　　B. 快插　　C. 慢插　　D. 快拔

12. (　　)是指规定主要施工准备工作和主体工程的开工、竣工和投产发挥效益等工期、施工程序和施工强度的技术文件。

A. 施工进度计划　　B. 专项施工方案　　C. 施工组织设计　　D. 技术交底

13. 已浇筑完的混土垫层，应在(　　)h 左右覆盖和浇水，一般养护不得少于 7 d。

A. 7　　B. 10　　C. 1　　D. 14

14. 三级安全教育是指(　　)三级教育。

A. 公司　　B. 项目部　　C. 施工班组　　D. 工人

15. 进行基础梁混凝土浇筑时，禁止用吊车在高处直接往模内下料，混凝土自高处倾落时，自由倾落高度不超过(　　)m。

A. 1　　B. 2　　C. 3　　D. 4

二、判断题

1. 筏形基础分为平板式筏形基础和梁板式筏形基础。 ( )

2. 梁板式筏形基础平板 LPB 的平面注写,分板底部与顶部贯通纵筋的集中标注与板底部附加非贯通纵筋的原位标注两部分内容。 ( )

3. 筏形基础平法施工图中的原位标注位置:在配置相同的若干跨的第二跨下注写。 ( )

4. 筏形厚度变化处或标高变化处,宜采用放斜角平滑过渡,不是为了避免应力集中。 ( )

5. 筏形基础顶部纵向钢筋按计算配筋全部连通,是全部锚入支座,这是对筏形的整体弯曲影响通过构造措施予以保证。 ( )

6. 大体积混凝土浇筑的方法有全面分层、分段分层和斜面分层。 ( )

7. 混凝土振捣平整完毕,采用塑料布及时密封养护,上面盖草垫一至二层;夏天则蓄水养护,防止混凝土脱水龟裂。 ( )

8. 大体积混凝土的温度裂缝包括表面裂缝和深层裂缝两大类。 ( )

9. 温度应力是产生温度裂缝的根本原因,一般将温差控制在 20 ℃ ~25 ℃范围内时,不会产生温度裂缝。 ( )

10. 梁板式筏形基础的柱、梁、板之间的锚固和连接首先得满足设计要求,若设计无明确要求的,可参照相关图集。 ( )

三、问答题

1. 请分别解释筏形基础施工中“高板位”“低板位”“中板位”的具体含义。

2. 梁板式筏形基础的板区划分条件是什么?

3. 请解释下列符号的含义:

X:BB24@150;TB22@150;(6A)

Y:BB22@200;TB20@200;(5B)

4. 请简述筏形基础人机料计划编制的具体步骤。

5. 请简述筏形基础模板设计的具体步骤。

6. 请绘制出柱模单块就位组拼工艺流程的流程图,并回答柱模单块板就位安装施工操作要点。

7. 试解释大体积混凝土的概念,分析大体积混凝土裂缝的成因及其处理措施。

8. 请简述大体积混凝土在浇筑、振捣时的施工工艺和操作要点。

9. 请简述大体积混凝土施工时,监控混凝土温度的热电偶的具体安装要求。

学习情境4　箱形基础的施工

【学习目标】

知识目标	能力目标	权重
掌握箱形基础结构施工图的识读方法	能基本识读箱形基础的结构施工图,会编制读图纪要	0.15
熟悉箱形基础在结构上的基本构造要求	能熟练地将箱形基础的基本构造要求运用到识图过程中,会编制图纸会审纪要	0.10
熟悉箱形基础的降排水原理和方法,掌握深基坑开挖的施工要点	能根据施工现场的实际选择基坑的降排水方法,会编制深基坑专项施工方案	0.15
能正确表述钢筋的进场验收步骤、箱形基础钢筋翻样的基本方法以及其钢筋的制作、安装方法及相应的施工规范要求等	掌握钢筋进场验收的方法、内容和要求;根据施工图,对钢筋进行翻样并形成钢筋下料单;能正确指导操作人员进行各类构件的钢筋的制作、安装	0.15
能正确表述箱形基础模板施工的特点、模板的配板过程、模板的施工方法及施工规范要求等	能正确选用箱形基础模板的种类及规格,进行箱形基础模板的配板设计,指导箱形基础模板的施工(包括模板的定位、安装、检查)	0.15
能正确表述箱形基础混凝土的施工方法及施工规范要求等	指导箱形基础的泵送混凝土施工(包括泵站的选择、管道的支设、混凝土的浇筑、检查)	0.15
能正确表述箱形基础施工质量的检查方法及质量控制过程,质量安全事故等级划分及处理程序,箱形基础施工的安全技术措施,箱形基础施工常见的质量事故及其原因	能在箱形基础施工过程中正确进行安全控制、质量控制,分析并处理常见质量问题和安全事故;会使用各种检测仪器和工具	0.15
合计		1.0

【教学准备】

准备各工种(测量工、架子工、钢筋工、混凝土工等)的视频资料,(各院校可自行拍摄或向相关出版机构购买)实训基地、水准仪、全站仪、钢管、模板、钢筋等实训场地、机具及材料。

【教学方法建议】

集中讲授、小组讨论方案、制订方案、观看视频、读图正误对比、下料长度计算、基地实训、现场观摩、拓展训练。

【建议学时】

8(2)学时

箱形基础主要是由钢筋混凝土底板、顶板、侧墙及一定数量纵横墙构成的封闭箱体,如图4.1所示。它是多层和高层建筑中广泛采用的一种基础形式,以承受上部结构荷载,并把它传递给地基。箱形基础中部可在内隔墙开门洞作地下室。这种基础整体性和刚度都好,调整不均匀沉降的能力及抗震能力较强,可消除因地基变形使建筑物开裂的可能性。

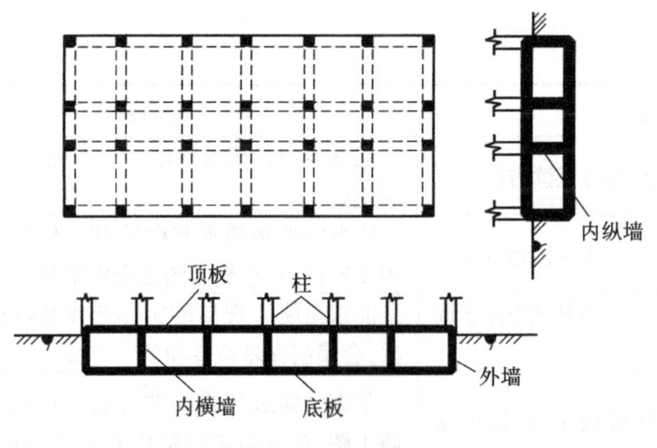

图4.1 箱形基础

箱形基础适用于软土地基,在非软土地基出于人防、抗震考虑和设置地下室时,也常采用箱形基础。

任务1 箱形基础施工图的识读

1.1 箱形基础平法施工图概述

箱形基础的平法施工图主要包括箱形基础底板、中层楼板和顶板施工图三大部分。箱形基础的平法施工图注写方式以平法注写为主,截面注写为辅。在这三大部分施工图上,应该清楚地标明墙体定位尺寸。如果当建筑轴线和墙体中心线不重合时,应标注偏心尺寸。在箱形基础中凡几何尺寸和配筋相同的构件(墙体或板区)均为同一编号,同一编号的构件可选择一个进行详细标注,其他仅注编号。

1.2 箱形基础构件的编号

箱形基础的构件包括箱形基础底板、顶板、中层楼板,箱形基础外墙、内墙、悬挑墙梁,箱形基础洞口上、下过梁等等，其编号见表4.1。

表4.1　箱形基础构件编号

类型	代号	序号	跨(间)数或起点至中点的轴线号	说　明
箱形基础底板	JB	××		分板区编号。JB、DB、LB跨数或起点至终点的轴线号分别标注在X向与Y向贯通之后
箱形基础顶板	DB	××		
箱形基础中层楼板	LB	×		
箱形基础外墙	WQ	××	(××)或(××－××轴)	墙体长度不足一跨时跨数不注，按结构平面图上标注的尺寸施工
箱形基础内墙	NQ	××	(××)或(××－××轴)	
悬挑墙梁	XQL	××		悬挑长度必须符合规范
底层洞口下过梁	XGL	××		设置在箱形基础层洞口下方底板内
洞口上过梁	SGL	××		设置在箱形基础各层洞口

1.3　箱形基础板的平面注写形式

(1)箱形基础底板、顶板、中层楼板的平面注写，包括集中标注板编号、厚度、贯通钢筋和原位标注的附加非贯通钢筋等两部分内容。集中标注分板区统一注写，原位标注按照不同配筋沿墙体对应位置分别注写。

(2)集中标注一般是注写在所表达区域X向和Y向均为第一跨的板上，一般情况下约定从左至右是X向，从下至上是Y向。而板区的划定通常是这样：板厚、底部贯通钢筋、顶部贯通钢筋分别相同的一个或者多个相邻板块为同一板区，但非贯通钢筋是否相同不作为板区划分的条件。原位标注是注写在与墙体正交的代表箱形基础底部附加非贯通钢筋的中粗虚线段、或者代表箱形基础顶板、中层楼板顶部附加非贯通筋的中粗实线段上，且在附加非贯通筋配置相同的若干跨的第一跨上表达。

(3)箱形基础底板、顶板、中层楼板的集中标注有三项内容是必注写内容，包括箱形基础底板、顶板、中层楼板的板区编号(包括代号和序号)。板厚和双向贯通筋也必须注写。板顶面相对标高高差和必要的文字注解可以根据实际工程情况选注。具体如图4.2所示。

施工中应注意，箱形基础底板的底部贯通钢筋、顶板和中层楼板的顶部贯通钢筋可在跨中1/3跨度范围内连接，箱形基础底板的顶部贯通钢筋、顶板和中层楼板的底部贯通筋可在距墙轴线1/4跨度范围内连接。

(4)箱形基础底板的原位标注用于表达与箱形基础墙体正交并沿墙下分布的板底部附加非贯通钢筋。箱形基础顶板、中层楼板的原位标注，用于表达与箱形基础墙体正交并沿墙体分布的板顶部附加非贯通筋(图4.3)。

①注写非贯通筋的配筋值及其分布范围。在箱形基础底板与墙体正交绘制的粗虚线段上

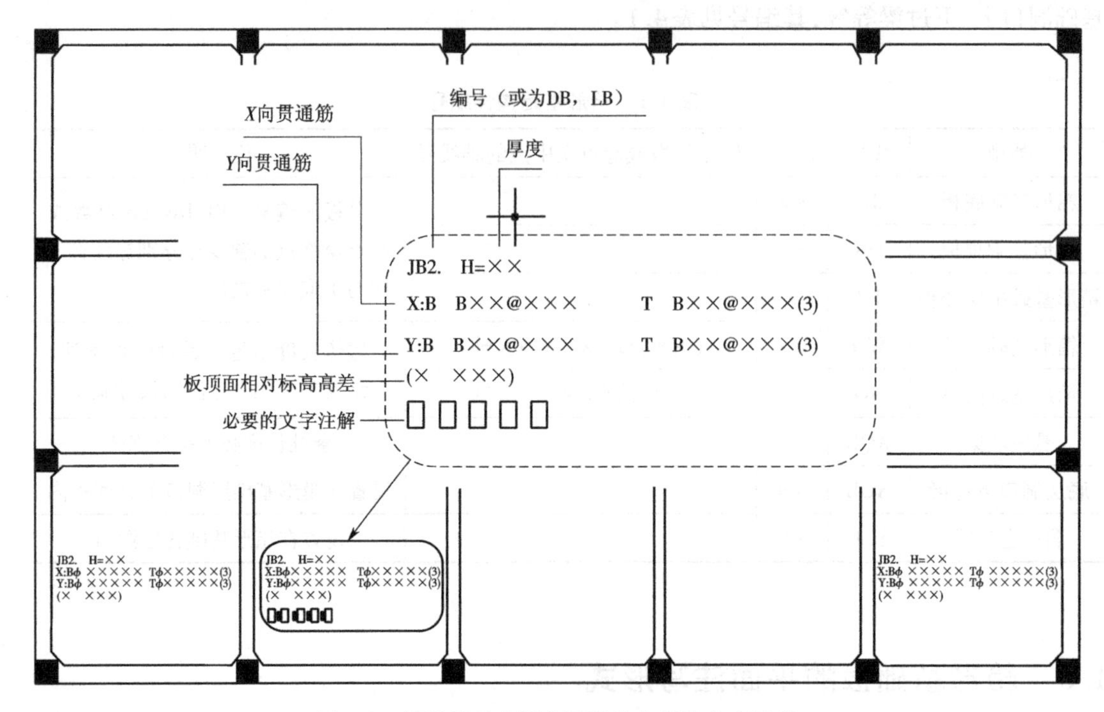

图 4.2　箱形基础底板分板区集中标注内容示意

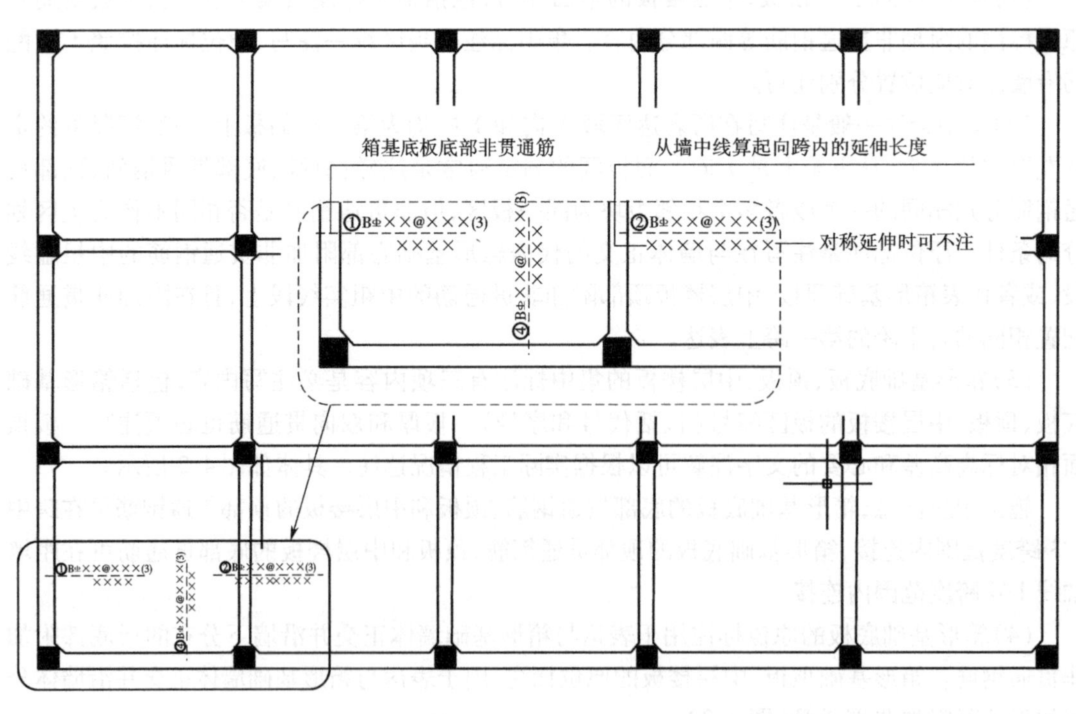

图 4.3　箱形基础底板底部非贯通钢筋原位标注示意

打 B 字头的表示板底部附加非贯通筋，在箱形基础顶板、中层楼板上与墙体正交绘制的粗实线段以 T 打头引注板顶部附加非贯通筋，内容包括编号、强度等级、直径、分布间距与分布范围以及至箱形基础墙体中线向两边跨内的延伸长度值。

②非贯通筋的分布范围注写在括号内：通常注写为跨数(××)或轴(××-××)，当一端分布到外伸或悬挑部位时注写为××A 或轴(××-××A)，两端分布到外伸或悬挑部位时注写为××B 或轴(××-××B)

(5)当附加非贯通筋向墙体中线两侧对称延伸时，可仅在单侧标注跨内延伸长度，另一侧不注；当箱形基础底板有外伸时，外伸一侧的延伸长度按标准构造。底部或顶部附加非贯通筋相同者，可选择一段中粗虚线或者实线注写，其他可仅在线段上注写编号以及分布范围。

1.4　箱形基础墙体的平面注写

箱形基础外墙和内墙的平面注写包括集中标注墙体编号、厚度、贯通筋、拉筋等和原位标注附加非贯通筋等两部分内容。当仅设置贯通筋，未设置附加非贯通筋时，则仅做集中标注。箱形基础外墙和内墙的集中标注，应在表达墙体的第一间（*X* 向墙体左端为第一间，*Y* 向墙体下段为第一间）引注。

1.4.1　箱形基础外墙的集中标注

箱形基础外墙的集中标注，如图 4.4 所示。

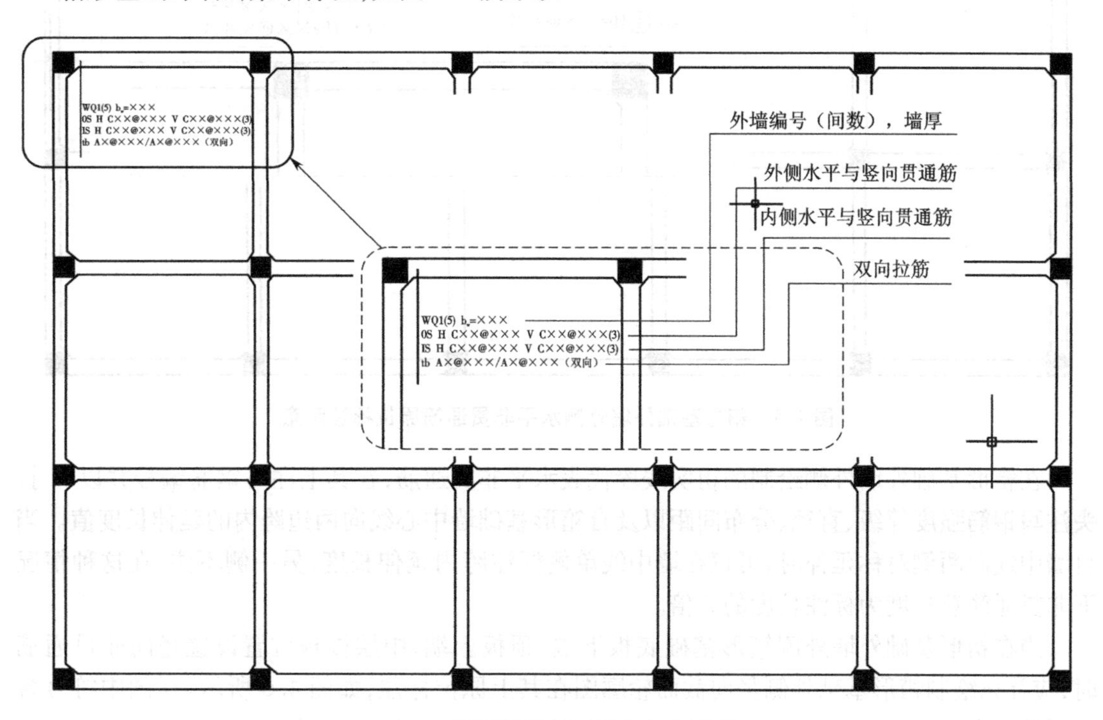

图 4.4　箱形基础外墙集中标注示意

箱形基础外墙的集中标注包括注写箱形基础外墙编号(包括代号、序号、间数)、箱形基础外墙的厚度、箱形基础外墙的外侧、内部贯通筋和拉筋。

上图中OS代表外墙外侧贯通筋,H表示水平贯通筋,V表示垂直贯通筋;IS代表外墙内侧非贯通筋;以tb打头注写拉筋直径、强度等级和间距,并注明“双向”或“梅花双向”。

1.4.2 箱形基础外墙的原位标注

箱形基础外墙的原位标注主要是表示在外墙外侧配置的水平非贯通筋或竖向非贯通筋。当表示水平非贯通时,在箱形基础筋分层墙体设计图上原位标注,如图4.5所示。箱形基础外墙外侧非贯通筋通常采用“隔一布一”方式与集中的贯通筋间隔插空布置,其标注间距应与贯通筋相同,两者组合后的实际分布间距为各自标注间距的1/2。

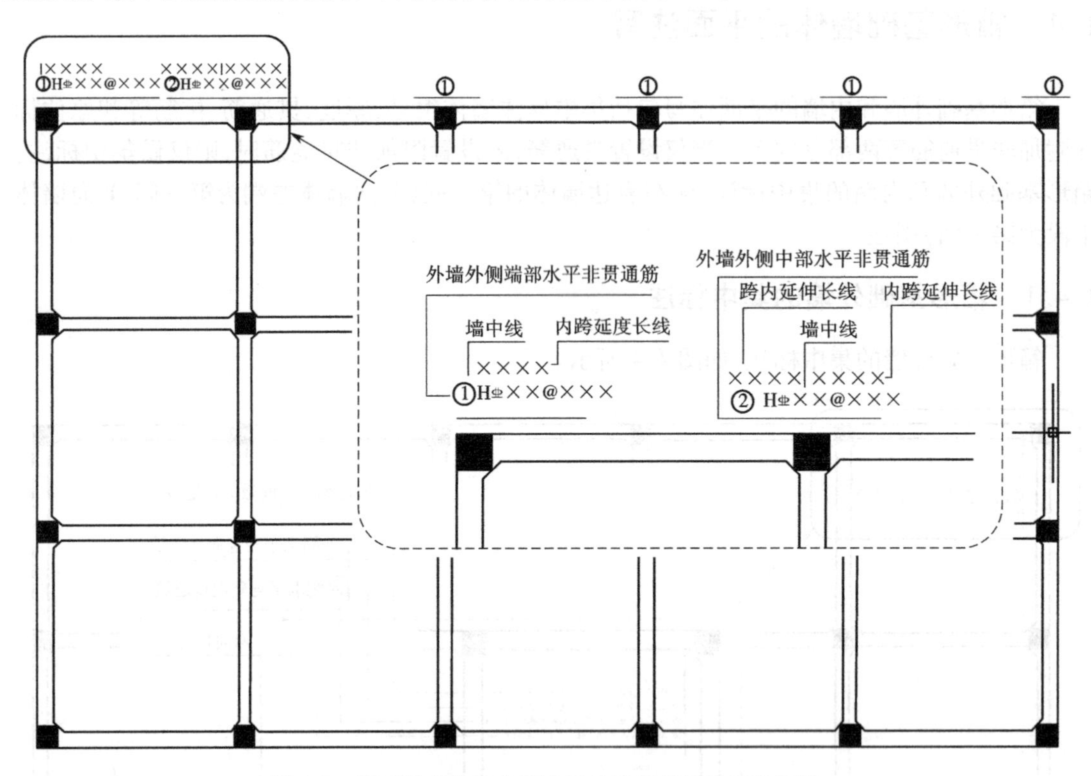

图4.5 箱形基础外墙外侧水平非贯通筋原位标注示意

在箱形基础外墙外侧绘制的粗实线段代表水平非贯通筋,在其上注写钢筋编号并以H打头注写钢筋强度等级、直径、分布间距以及自箱形基础墙中心线向两边跨内的延伸长度值。当自墙中线向两侧对称延伸时,可仅在墙中线单侧标注跨内延伸长度,另一侧不注,在这种情况下非贯通筋总长度为标注长度的2倍。

当在箱形基础外墙外侧箱形基础底板下端、顶板上端,中层楼板位置设置竖向非贯通筋时,应补充绘制箱形基础外侧竖向截面轮廓图在其上原位标注,如图4.6所示。(图中符号含义同前)

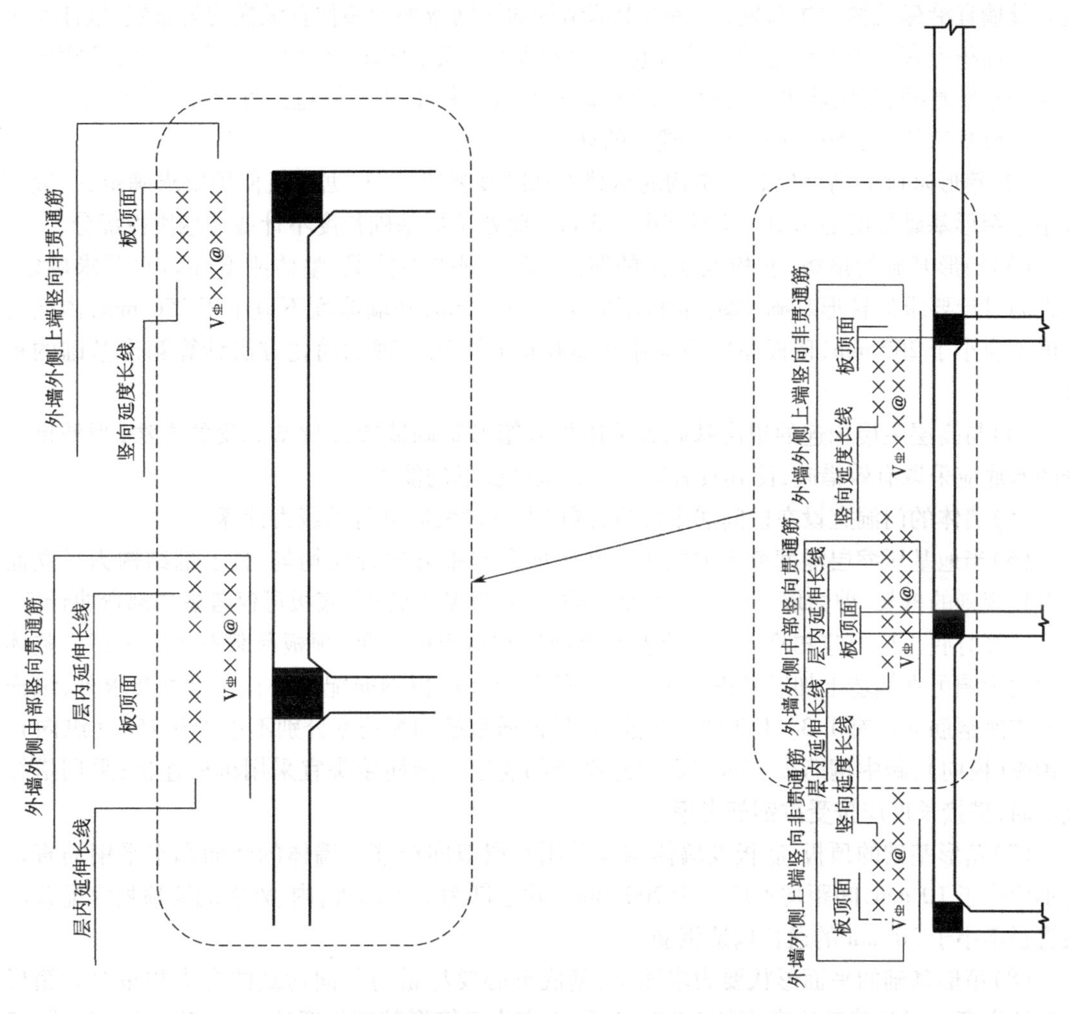

图4.6　箱形基础外墙竖向非贯通筋原位标注示意

由于箱形基础内墙和箱形基础外墙的平法表示类似,所以在这里不再详细阐述。而箱形基础洞口过梁与悬挑梁的平面注写方式可以参考钢筋混凝土主体结构中的过梁与悬挑梁的平面标注方式进行注写。

任务2　箱形基础的构造会审

箱形基础在进行施工时,除满足设计要求外,还应该注意构造要求。箱形基础在构造上应该满足以下要求。

(1)箱形基础的平面尺寸应根据地基土承载力和上部结构布置以及荷载大小等因素确

定。外墙宜沿建筑物周边布置,内墙沿上部结构的柱网或剪力墙位置纵横均匀布置,墙体水平截面总面积不宜小于箱形基础外墙外包尺寸的水平投影面积的1/10。对基础平面长宽比大于4的箱形基础,其纵墙水平截面面积不应小于箱形基础外墙外包尺寸水平投影面积的1/18。箱形基础的偏心距应符合相关规范的规定。

(2)箱形基础的高度应满足结构的承载力和刚度要求,并根据建筑使用要求确定,一般不宜小于箱形基础长度的1/20,且不宜小于3 m。此处箱形基础长度不计墙外悬挑板部分。

(3)箱形基础的顶板、底板及墙体的厚度,应根据受力情况、整体刚度和防水要求确定。无人防设计要求的箱形基础,基础底板不应小于300 mm,外墙厚度不应小于250 mm,内墙的厚度不应小于200 mm,顶板厚度不应小于200 mm,可用合理的简化方法计算箱形基础的承载力。

(4)与高层主楼相连的裙房基础若采用外挑箱形基础墙或外挑基础梁的方法,则外挑部分的基底应采取有效措施,使其具有适应差异沉降变形的能力。

(5)墙体的门洞宜设在柱间居中部位,洞口上下过梁应进行承载力计算。

(6)当地基压缩层深度范围内的土层在竖向和水平方向皆较均匀,且上部结构为平立面布置较规则的框架、剪力墙、框架/剪力墙结构时,箱形基础的顶、底板可仅考虑局部弯曲计算。

计算时底板反力应扣除板的自重及其上面层和填土的自重,顶板荷载按实际考虑。整体弯曲的影响可在构造上加以考虑。箱形基础的顶板和底板钢筋配置除符合计算要求外,纵横方向支座钢筋尚应有1/3~1/2的钢筋连通,且连通钢筋的配筋率分别不小于0.15%(纵向)、0.10%(横向),跨中钢筋按实际需要的配筋全部连通。钢筋接头宜采用机械连接;采用搭接接头时,搭接长度应按受拉钢筋考虑。

(7)箱形基础的顶板、底板及墙体均应采用双层双向配筋。墙体的竖向和水平钢筋直径均不应小于10 mm,间距均不应大于200 mm。除上部为剪力墙外,内、外墙的墙顶处宜配置两根直径不小于20 mm的通长构造钢筋。

(8)箱形基础的平面形状要力求简单,基底形心要尽量与竖向荷载的合力相重合。箱形基础的高度一般为建筑物高度的1/12~1/8,不宜小于箱形基础长度的1/18;底板厚度为隔墙间距的1/10~1/8;顶板厚度一般为200~400 mm;顶板和底板配筋率不宜超过0.8%;内墙和外墙厚度一般为200~300 mm和250~400 mm,墙内配筋为双层钢筋网,不少于ϕ10@200。底板混凝土使用抗渗标号不低于B6的防水混凝土。要求横向偏心距$e \leqslant 1/60B$(B为箱形基础宽度),以保证建筑物不发生整体倾斜,能正常使用。

(9)箱形基础的墙体应尽量不开洞或少开洞,并应避免开偏洞和边洞、高度大于2 m的高洞、宽度大于1.2 m的宽洞。两相邻洞口最小净间距不宜小于1 m,否则洞间墙体应按柱子计算,并采取构造措施。

(10)箱形基础的墙体宜与上部结构的内外墙对正,并沿柱网轴线布置。箱形基础的墙体含量应有充分的保证,平均每平方米基础面积上墙体长度不得小于400 mm或墙体水平截面积不得小于基础面积的1/10,其中纵墙配置不得小于墙体总配置量的60%,且有不少于三道纵墙贯通全长。

任务3　箱形基础的基坑降水与开挖

在箱形基础土方开挖过程中,当开挖底面标高低于地下水位的基坑(或沟槽)时,由于土的含水层被切断,地下水会不断渗入坑内。地下水的存在,非但土方开挖困难,费工费时,边坡易于塌方,而且会导致地基被水浸泡,扰动地基土,造成工程竣工后建筑物的不均匀沉降,使建筑物开裂或破坏。因此,基坑槽开挖施工中,应根据工程地质和地下水文情况,采取有效的降低地下水位措施,使基坑开挖和施工达到无水状态,以保证工程质量和工程的顺利进行。

基坑、沟槽开挖时降低地下水位的方法很多,一般有设各种排水沟排水和用各种井点系统降低地下水位两类方法,其中以设明(暗)沟、集水井排水为施工中应用最为广泛、简单、经济的方法,各种井点主要应用于大面积深基坑降水。

3.1　集水坑排水

3.1.1　排水方法

集水坑排水的特点是设置集水坑和排水沟,根据工程的不同特点具体有以下几种方法:

(1)明沟与集水井排水;

(2)分层明沟排水;

(3)深层明沟排水;

(4)暗沟排水;

(5)利用工程设施排水。

3.1.2　排水机具的选用

基坑排水广泛采用动力水泵,一般有机动、电动、真空及虹吸泵等。选用水泵类型时,一般取水泵的排水量为基坑涌水量的1.5~2倍。当基坑涌水量 $Q<20\ \mathrm{m^3/h}$,可用隔膜式泵或潜水电泵;当 Q 在 $20\sim60\ \mathrm{m^3/h}$,可用隔膜式或离心式水泵,或潜水电泵;当 $Q>60\ \mathrm{m^3/h}$,多用离心式水泵。隔膜式水泵排水量小,但可排除泥浆水,选择时应按水泵的技术性能选用。当基坑涌水量很小,亦可采用人力提水桶、手摇泵或水龙车等将水排出。

3.2　井点降水

3.2.1　概述

在地下水位以下的含水丰富的土层中开挖大面积基坑时,采用一般的明沟排水方法,常会遇到大量地下涌水,难以排干;当遇粉、细砂层时,还会出现严重的翻浆、冒泥、流砂现象,不仅使基坑无法挖深,而且还会造成大量水土流失,使边坡失稳或附近地面出现塌陷,严重时还会影响邻近建筑物的安全。遇此种情况时 ,多采用人工降低地下水位的方法施工。人工降低地下水位,常用的为各种井点排水方法,它是在基坑开挖前,沿开挖基坑的四周、或一侧、二侧埋设一定数量深于坑底的井点滤水管或管井,以总管连接或直接与抽水设备连接从中抽水,使地下水位降落到基坑底0.5以下,以便在无水干燥的条件下开挖土方和进行基础施工,不但可避免大量涌水、冒泥、翻浆,而且在粉细砂、粉土地层中开挖基坑时,采用井点法降低地下水位,可防止流砂现象的发生;同时由于土中水分排出后,动水压力减小或消除,大大提高了边坡的稳定性,边坡可放陡,可减少土方开挖量;此外由于渗流向下,动水压力加强重力,增加土颗粒间的压力使坑底土层更为密实,改善了土的性质;而且,井点降水可大大改善施工操作条件,提高工效加快工程进度。但井点降水设备一次性投资较高,运转费用较大,施工中应合理地布置和适当地安排工期,以减少作业时间,降低排水费用。

井点降水方法的种类有:单层轻型井点、多层轻型井点、喷射井点、电渗井点、管井井点、深井井点、无砂混凝土管井点以及小沉井井点等。可根据土的种类,透水层位置、厚度,土层的渗透系数,水的补给源,井点布置形式,要求降水深度,邻近建筑、管线情况,工程特点,场地及设备条件以及施工技术水平等情况,作出技术经济和节能比较后确定,选用一种或两种,或井点与明排综合使用。表4.2为各种井点适用的土层渗透系数和降水深度情况。

表4.2　各种井点的适用范围

项次	井点类别	土层渗透系数/(m/d)	降低水位深度/m
1	单层轻型井点	0.5~50	3~6
2	多层轻型井点	0.5~50	6~12
3	喷射井点	0.1~2	8~20
4	电渗井点	<0.1	根据选用的井点确定
5	管井井点	20~200	3~5
6	探井井点	5~25	>15

注:无砂混凝土管井点、小沉井井点适用于土层渗透系数10~250 m/d,降水深度5~10 m。

3.2.2　轻型井点的组成

轻型井点的组成包括管路系统和抽水设备,如图4.7所示。

轻型井点中各种管道的材质要求可参照以下经验进行确定。

(1)滤管:长度 $L=1\sim1.5$ m,直径 $\phi=38\sim50$ mm 的无缝钢管。

(2)井点管:$L=5\sim7$ m,$\phi=38\sim50$ mm 的无缝钢管。

(3)弯联管:塑料或者橡胶管。

(4)总管:每节 $L=4$ m,$\phi=75\sim100$ mm 的无缝钢管。

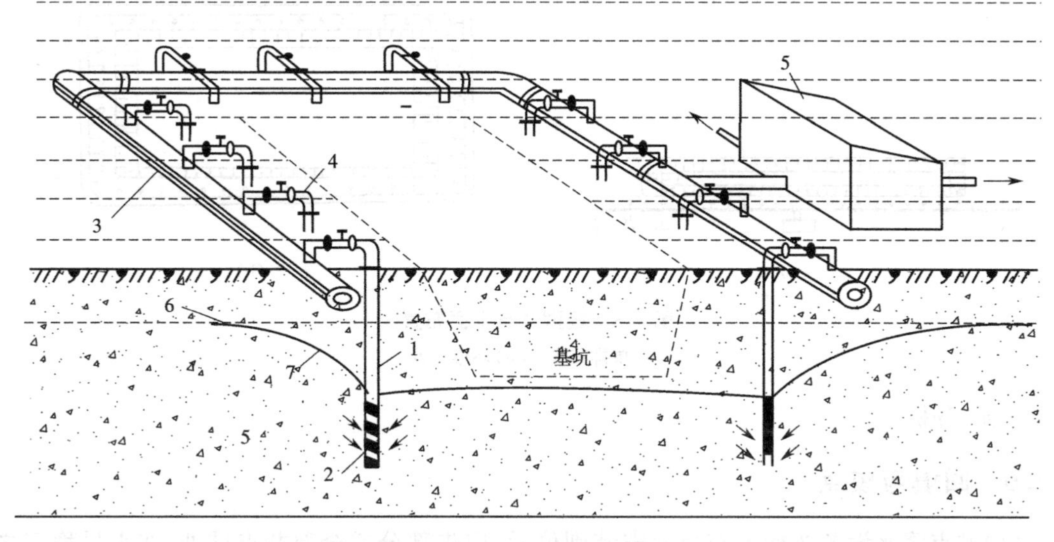

图4.7　轻型井点降水示意图

1—井点管;2—滤管;3—集水总管;4—弯联管;5—水泵房;6—原地下水位线;7—降低后的地下水位线

轻型井点抽水设备一般原则是,总管长度不大于100 m时选用W5,总管长度不大于20 m时选用W6。

3.2.3　轻型井点降水的施工工艺和井点布置

根据实际工程地质情况,在自然地面一定距离下土质为砂土,且水位在自然地面下,基底标高以上处,此区域按常规施工难度较大,施工前需采取轻型井点降水,使基坑区域土体固结,减少静止水压力,从而确保围护及边坡土体稳定。

轻型井点的施工顺序为:成孔→下井管→投滤料→试水与检查→开始降水。

3.2.4　轻型井点降水布置

根据实际工程的平面形状和挖土深度,轻型井点可环形布置、双排布置、单排布置。在实际工程中当沟槽或基坑宽度小于6 m、降水深度不超过5 m时采取单排布置,且井点管布置在沟槽或基坑地下水流的上游位置。当实际基坑的几何尺寸略大于单排井点管布置的限制要求时,采用双排布置。若基坑的面积很大时,轻型井点可沿基坑四周环形布置(图4.8)。

在实际布置井点管时,井点管距离坑壁不应小于1~1.5 m,一般为0.8~1.6 m 。

3.2.5　运行与观测

(1)按施工设计布置的观察井(孔),应随井点同时设置、试抽或试水。井点系统运行前先观测一昼夜每隔4 h的稳定水位;井点系统运行后,除特殊要求加点外,每日观测4次。为了监控与检查系统运行情况,即使水位稳定、运行正常,也要坚持每6 h观测一次。

(2)每根井点管的出水情况,要随时检查观测。抽水后对周围建筑物的影响也要定时观

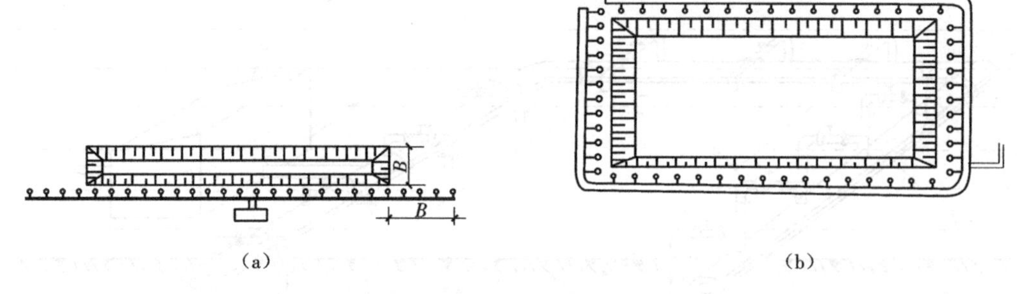

图4.8 轻型井点平面布置

(a)单排布置 (b)环形布置

测并记录、分析。

3.2.6 回填与拔点

(1)井点降水设备按标准布置及安装到位后,应先部分或全部井点试抽,在水量稳定之后,可根据水量情况适当改变机组所带的点数,使水压、出水量、降水深度达到最佳状态,进行正常运行。井点降水设备应在施工过程中连续运行,运行中随时分析记录,调整出水量,保证降水效果处于最佳状态。

(2)基坑或基槽在施工隐蔽验收后,应抓紧回填夯实,在回填土进行到稳定地下水位以上时,即可停止抽水,拔除井点管,拆除集水总管及降水泵。

3.3 基坑开挖

3.3.1 边坡稳定

开挖基坑时,如条件允许可放坡开挖,与用支护结构支挡后垂直开挖比较,在许多情况下放坡开挖比较经济。放坡开挖要正确确定土方边坡,对深度5 m以内的基坑,土方边坡的数值可从有关规范和文献上查取。对深基坑的土方边坡,有时则需通过边坡稳定验算来确定,否则处理不当就会产生事故。我国在深基坑边坡开挖方面发生过一些滑坡事故,有的虽未滑坡,但产生了过大的变形,影响施工正常进行。对于有支护结构的深基坑,在进行整体稳定验算时,亦要用到边坡稳定验算的知识。

从理论上说,研究土体边坡稳定有两类方法,一是利用弹性、塑性或弹塑性理论确定土体的应力状态,二是假定土体沿着一定的滑动面滑动而进行极限平衡分析。

第一类方法对于边界条件比较复杂的土坡较难以得出精确解,国内外许多人员在这方面进行不少研究工作,也取得一些进展,近年来还可采用有限单元法,根据比较符合实际情况的弹塑性应力应变关系,分析土坡的变形和稳定,一般称为极限分析法。

第二类方法是根据土体沿着假想滑动面上的极限平衡条件进行分析,一般称为极限平衡法。在极限平衡法中,条分法由于能适应复杂的几何形状、各种土质和孔隙水压力,因而成为最常用的方法。条分法有十几种，其不同之处在于使问题静定化所用的假设不同以及求安全系数方程所用的方法不同。

3.3.2　基坑土方开挖

高层建筑基坑工程的土方开挖，在设法解决了地下水和边坡稳定问题之后，还要解决土方如何开挖的问题，即选用什么方法、什么机械、如何组织施工等一系列问题。

在基坑土方开挖之前，要进行详细的施工准备工作，在开挖施工过程中要考虑开挖方法和人工开挖和机械开挖的配合问题，开挖后还要考虑对一些特殊地基的处理问题。

1. 施工准备工作

基坑开挖的施工准备工作一般包括以下几方面内容：

(1)查勘现场，摸清工程实地情况；

(2)按设计或施工要求标高平整场地；

(3)做好防洪排洪工作；

(4)设置测量控制网；

(5)设置基坑施工用的临时设施。

2. 机械和人工开挖

在开挖施工过程中人工开挖和机械开挖的配合问题一般要遵循以下几条原则和方法。

(1)对大型基坑土方，宜用机械开挖。基坑深在5 m内，宜用反铲挖土机在停机面一次开挖，深5 m以上宜分层开挖或开沟道用正铲挖土机下入基坑分层开挖，或设置钢栈桥，下层土方用抓斗挖土机在栈桥上开挖，基境内配以小型推土机堆集土。对面积很大、很深的设备基础基坑或高层建筑地下室深基坑，可采用多层同时开挖方法，土方用翻斗汽车运出。

(2)为防止超挖和保持边坡坡度正确，机械开挖至接近设计坑底标高或边坡边界，应预留500~800 mm厚土层，用人工开挖和修坡。

(3)人工挖土，一般采取分层分段均衡往下开挖，较深的坑(槽)，每挖1 m左右应检查边线和边坡，随时纠正偏差。

(4)对有工艺要求，深入基岩面以下的基坑，应用边线控制爆破方法松爆后再挖，但应控制不得震坏基岩面及边坡。

(5)如开挖的基坑(槽)深于邻近建筑基础时，开挖应保持一定的距离和坡度，以免在施工时影响邻近建筑基础的稳定。如不能满足要求，应采取在坡脚设挡墙或支撑进行加固处理。

(6)挖土时注意检查基坑底是否有古墓、洞穴、暗沟或裂隙、断层(对岩石地基)，如发现迹象，应及时汇报，并进行探查处理。

(7)弃土应及时运出，如需要临时堆土，或留作回填土，堆土坡角至坑边距离应按挖坑深度、边坡坡度和土的类别确定，干燥密实土不小于3 m，松软土不小于5 m。

(8)基坑挖好后，应对坑底进行抄平、修整。如挖坑时有小部分超挖，可用素土、灰土或砾石回填夯实至与地基土基本相同的密实度。

(9)为防止坑底扰动，基坑挖好后应尽量减少暴露时间，及时进行下一道工序的施工，如不能立即进行下一工序时,应预留150~300 mm厚覆盖土层,待基础施工时再挖去。

3.3.3 基坑支护体系的选型

作为保证基坑开挖稳定的支护体系包括挡墙和支撑两部分,其中挡墙的主要作用是挡土,而支撑的作用是保证结构体系的稳定。若挡墙结构足够强,能够满足开挖施工稳定的要求,该支护体系中可以不设支撑构件,否则应当增加支撑构件(或结构)。对于支护体系组成中任何一部分的选型不当或产生破坏,都会导致整个支护体系的失败。因此,对挡墙和支撑都应给予足够的重视。

1. 挡墙的选型

工程中常用的挡墙结构形式有:

(1)钢板桩(图4.9);

(2)钢筋混凝土板桩;

(3)钻孔灌注桩挡墙;

(4)H型钢支柱(或钢筋混凝土桩支柱)、木挡板支护墙;

(5)地下连续墙(图4.10);

(6)深层搅拌水泥土桩挡墙;

(7)旋喷桩帷幕墙。

图4.9 钢板桩

图4.10 地下连续墙

除以上形式外,还有用人工挖孔桩(我国南方地区应用较多)、预制打入钢筋混凝土桩等作为支护结构挡墙的。

支护体系挡墙的选型,涉及技术因素和经济因素,要从满足施工要求、减少对周围的不利影响、施工方便、工期短、经济效益好等几方面,并经过技术经济比较后加以确定,而且支护结构挡墙选型要与支撑选型、地下水位降低、挖土方案等配套研究确定。

2. 支撑结构的选型

当基坑深度较大,悬臂的挡墙在强度和变形方面不能满足要求时,即需增设支撑系统(图4.11)。支撑系统分两类:基坑内支撑和基坑外拉锚。基坑外拉锚又分为顶部拉锚与土层锚杆拉锚。前者用于不太深的基坑,多为钢板桩,在基坑顶部将钢板桩挡墙用钢筋或钢丝绳等拉结锚固在一定距离之外的锚桩上。常用的支撑形式有:锚拉支撑、斜柱支撑、短桩横隔支撑、钢结构支护、地下连续墙支护、地下连续墙锚杆支护、挡土护坡桩支撑、挡土护坡桩与锚杆结合支撑、板桩中央横顶支撑、板桩中央斜顶支撑、分层板桩支撑。

图4.11　挡墙支撑体系

由于土体结构的复杂性及土参数的离散性或不确定性,使得挡土支护结构体系承受的荷载的分布规律比较复杂,因此要想达到跟上部结构相同的计算精度是比较困难的,甚至是不可能的。

近年来各国都有不同的计算方法和规范规定,但计算方法差异很大,用不同的计算方法,对挡土结构如桩长、弯矩、拉杆荷载等计算,其结果相差可达50%,因为挡土结构的计算,不但涉及计算理论和计算方法,还涉及土的性质、水位高低、挖土深度、地面荷载和邻近建筑物等诸多因素,设计计算是比较复杂的。我国还没有设计计算规范,因此,一个比较安全、稳定、经济合理的挡土支护设计,必须要求设计人员研究各种客观条件,掌握一些经验资料和试验研究资料,综合运用计算理论和方法来进行设计,才能得到比较合理的结果。

任务4　箱形基础的钢筋施工

箱形基础包括梁、板、柱、墙等钢筋混凝土构件,由于梁、顶板及柱的钢筋施工与主体结构类似,因此在这里只就箱形基础的墙和底板钢筋的施工做一详细的讲解。

4.1 箱形基础钢筋施工前的准备

在钢筋混凝土每个分项工程中,其施工前的准备工作主要从材料准备、机具准备、施工条件准备三方面考虑。下面就每个准备工作中工程技术管理人员应该着重把握的要点进行分析。

4.1.1 材料及主要机具

(1)钢筋:应有出厂合格证,并按规定作力学性能复试。运到现场的钢筋得有铭牌等(图4.12),当加工过程中发生脆断等特殊情况,还需作化学成分检验。钢筋应无老锈及油污。

图4.12 钢筋铭牌

(2)铁丝:可采用20~22号铁丝(图4.13)或镀锌铁丝(铅丝)。铁丝的切断长度要满足使用要求。

图4.13 铁丝

（3）控制混凝土保护层用的砂浆垫块（图4.14）、塑料卡（图4.15）、各种挂钩或撑杆等。

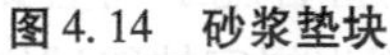

图4.14　砂浆垫块

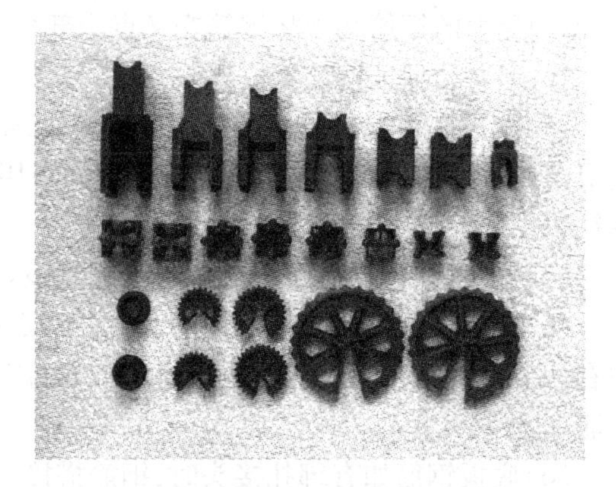

图4.15　塑料卡

（4）工具：钢筋钩子、撬棍、扳子、绑扎架、钢丝刷子、手推车、粉笔、尺子等。

4.1.2　作业条件

（1）按施工现场平面图规定的位置，将钢筋堆放场地进行清理、平整。准备好垫木，按钢筋绑扎顺序分类堆放，并将锈蚀清理干净。

（2）核对钢筋的级别、型号、形状、尺寸及数量是否与设计图纸及加工配料单相同。

（3）当施工现场地下水位较高时，必须有排水及降水措施。

（4）熟悉图纸，确定钢筋穿插就位顺序，并与有关工种做好配合工作，如支模、管线、防水施工与绑扎钢筋的关系，确定施工方法，做好技术交底工作。

（5）根据地下室防水施工方案（采用内贴法或外贴施工），底板钢筋绑扎前做完底板下防水层及保护层，支完底板四周模板（或砌完保护墙，做好防水层）。当地下室外墙防水采用内贴法施工时，要在绑扎墙体钢筋之前砌完保护墙，做好防水层及保护层。

4.2　操作工艺

箱形基础的底板和墙的钢筋绑扎可按照以下工序进行：划钢筋位置线→运钢筋到使用部位→绑底板及梁钢筋→绑墙钢筋。

4.2.1　划钢筋位置线

按图纸标明的钢筋间距，算出底板实际需用的钢筋根数，一般让靠近底板模板边的那根钢筋离模板边为50 mm，在底板上弹出钢筋位置线（包括基础梁钢筋位置线）。

4.2.2　绑基础底板及基础梁钢筋

（1）按弹出的钢筋位置线，先铺底板下层钢筋。根据底板受力情况，决定下层钢筋哪个方向钢筋在下面，一般情况下先铺短向钢筋，再铺长向钢筋。

(2)绑扎钢筋时,靠近外围两行的相交点每点都绑扎,中间部分的相交点可相隔交错绑扎,双向受力的钢筋必须将钢筋交叉点全部绑扎。如采用一面顺扣应交错变换方向,也可采用八字扣,但必须保证钢筋不位移。

(3)摆放底板混凝土保护层用砂浆垫块,垫块厚度等于保护层厚度,按每 1 m 左右距离梅花形摆放。如基础底板较厚或基础梁及底板用钢量较大,摆放距离可缩小,甚至砂浆垫块可改用铁块代替。

(4)底板如有基础梁,可分段绑扎成型,然后安装就位,或根据梁位置线就地绑扎成型。

(5)基础底板采用双层钢筋时,绑完下层钢筋后,摆放钢筋马凳或钢筋支架(间距以 1 m 左右一个为宜),在马凳上摆放纵横两个方向定位钢筋,钢筋上下次序及绑扣方法同底板下层钢筋。

(6)底板钢筋如有绑扎接头时,钢筋搭接长度及搭接位置应符合施工规范要求,钢筋搭接处应用铁丝在中心及两端扎牢。如采用焊接接头,除应按焊接规程规定抽取试样外,接头位置也应符合施工规范的规定。

(7)由于基础底板及基础梁受力的特殊性,上下层钢筋断筋位置应符合设计要求。

(8)根据弹好的墙、柱位置线,将墙、柱伸入基础的插筋绑扎牢固,插入基础深度要符合设计要求,甩出长度不宜过长,其上端应采取措施保证甩筋垂直,不歪斜、倾倒、变位。

4.2.3 墙筋绑扎

(1)在底板混凝土上弹出墙身及门窗洞口位置线,再次校正预埋插筋,如有位移时,按洽商规定认真处理。墙模板宜采用"跳间支模",以利于钢筋施工。

(2)先绑 2 ~4 根竖筋,并画好横筋分档标志,然后在下部及齐胸处绑两根横筋定位,并画好竖筋分档标志。一般情况横筋在外,竖筋在里,所以先绑竖筋后绑横筋。横竖筋的间距及位置应符合设计要求。

(3)墙筋为双向受力钢筋,所有钢筋交叉点应逐点绑扎,其搭接长度及位置要符合设计图纸及施工规范的要求。

(4)双排钢筋之间应绑间距支撑或拉筋,以固定钢筋间距。支撑或拉筋可用 $\phi6$ 或 $\phi8$ 钢筋制作,间距 1 m 左右,以保证双排钢筋之间的距离。

(5)在墙筋外侧应绑上带有铁丝的砂浆垫块,以保证保护层的厚度。

(6)为保证门窗洞口标高位置正确,在洞口竖筋上划出标高线。门窗洞口要按设计要求绑扎过梁钢筋,锚入墙内长度要符合设计要求。

(7)各连接点的抗震构造钢筋及锚固长度,均应按设计要求进行绑扎,如首层柱的纵向受力钢筋伸入地下室墙体深度,墙端部、内外墙交接处受力钢筋锚固长度等。

(8)配合其他工种安装预埋管件、预留洞口等,其位置、标高均应符合设计要求。

4.3 质量要求

箱形基础的底板和墙的钢筋工程检查的内容是主控项目和一般项目,主控项目抽样要求达到100%合格，一般项目抽样要求达到80%合格，满足上述两个条件才能判定检验批验收合格。主控和一般项目检查的内容、标准和检查的方法如下。

4.3.1　主控项目

（1）钢筋的品种和质量、焊条、焊剂的牌号、性能及使用的钢板，必须符合设计要求和有关标准的规定。进口钢筋焊接前，必须进行化学成分检验和焊接试验，符合有关规定后方可焊接。

（2）钢筋表面必须清洁，带有颗粒状或片状老锈，经除锈后仍有麻点的钢筋，严禁按原规格使用。

（3）钢筋的规格、形状、尺寸、数量、间距、锚固长度、接头设置，必须符合设计要求和施工规范的规定。

（4）焊接接头力学性能，必须符合钢筋焊接规范的专门规定。

4.3.2　一般项目

（1）绑扎钢筋的缺扣、松扣数量不得超过绑扣数的10%，且不应集中。

（2）弯钩的朝向应正确，绑扎接头应符合施工规范的规定，搭接长度不小于规定值。

（3）用Ⅰ级钢筋制作的箍筋，其数量应符合设计要求，弯钩角度和平直长度应符合施工规范的规定。

（4）对焊接头无横向裂纹和烧伤，焊包均匀。接头处弯折不得大于4°，接头处钢筋轴线的偏移不得大于$0.1d$，且不大于2 mm 。

（5）电弧焊接头焊缝表面平整，无凹陷、焊瘤，接头处无裂纹、气孔、灰渣及咬边。接头尺寸允许偏差不得超过以下规定：

①绑条沿接头中心的纵向位移不大于$0.5d$，接头处弯折不大于4°；

②接头处钢筋轴线的偏移不大于$0.1d$，且不大于3 mm；

③焊缝厚度不小于$0.05d$；

④焊缝宽度不小于$0.1d$；

⑤焊缝长度不小于$0.5d$；

⑥接头处弯折不大于4°。

4.3.3　允许偏差的项目

允许偏差的项目见表4.3。

表 4.3 钢筋安装及预埋件位置的允许偏差值

项次	项目		允许偏差/mm	检验方法
1	绑扎钢筋网	长、宽	±10	钢尺检查
		网眼尺寸	±20	钢尺连续量三档,取最大值
2	绑扎钢筋骨架	宽、高	±5	钢尺检查
		长	±10	钢尺检查
3	受力钢筋	基础保护层	±10	钢尺检查
		柱、梁保护层	±5	钢尺检查
		板、墙、壳保护层	±3	钢尺检查
		间距	±10	尺量两端、中间各一点,取其最大值
		排距	±5	取最大值
4	钢筋弯起点位移	距设计位置	20	钢尺检查
5	预埋件	中心线位移	5	钢尺检查
		水平高差	+3,0	钢尺和塞尺检查
6	绑扎箍筋、横向钢筋间距	间距	±20	钢尺连续量三档,取最大值

4.3.4 成品保护

钢筋绑扎好以后,为了保证钢筋的安装质量,减少或者是避免施工过程带来的对钢筋的扰动,必须对绑扎好的钢筋采取一系列的保护措施。

(1)成型钢筋应按指定地点堆放,用垫木垫放整齐,防止钢筋变形、锈蚀、油污。

(2)绑扎墙筋时应搭临时架子,不准蹬踩钢筋。

(3)妥善保护基础四周外露的防水层,以免被钢筋碰破。

(4)绑扎底板上、下层钢筋时,支撑马凳要绑牢固,防止操作时踩变形。

(5)严禁随意割断钢筋。

4.3.5 施工中应注意的质量问题

在钢筋绑扎的过程中,由于各种原因,会造成这样或那样的质量问题,需要在施工前和施工过程中做好预控和整改。以下就施工中容易出现的质量问题进行说明。

(1)墙、柱预埋钢筋位移:墙、柱主筋的插筋与底板上、下筋要固定绑扎牢固,确保位置准确,必要时可附加钢筋用电焊焊牢。混凝土浇筑前应有专人检查修整。

(2)露筋:墙、柱钢筋每隔 1 m 左右加绑带铁丝的水泥砂浆垫块(或塑料卡)。

(3)搭接长度不够:绑扎时应对每个接头进行尺量,检查搭接长度是否符合设计和《混凝土结构施工验收规范》(GB 50204—2015)要求。

(4)钢筋接头位置错误:梁、柱、墙钢筋接头较多时,翻样配料加工时,应根据图纸预先画出施工翻样图，注明各号钢筋搭配顺序，并避开受力钢筋的最大弯矩处。

(5)绑扎接头与对焊接头未错开：经对焊加工的钢筋，在现场进行绑扎时，对焊接头要错开搭接位置。因此加工下料时，在钢筋搭接长度范围以内不得有对焊接头。

任务 5　箱形基础的模板施工

5.1　组合钢模板

组合式模板是现代模板技术中，具有通用性强、拆装方便、周转次数多的一种新型模板，用它进行现浇混凝土结构施工，可事先按设计要求组拼成梁、柱、墙、楼板的大型模板，整体吊装就位，也可采用散装散拆方法。这种模板适用于工业与民用建筑及一般构筑物现浇混凝土结构和预制混凝土构件的模板工程施工。

5.1.1　组合钢模板的组成与构造

55 型组合钢模板是又称组合式定型小钢模，是目前使用较广泛的一种通用组合模板。组合钢模板主要由钢模板、连接件、支撑件三大部分组成。

1. 钢模板

钢模板包括平面模板、阴角模板、阳角模板、连接角模等通用模板和倒棱模板、梁腋模板、柔性模板、搭接模板、可调模板及嵌补模板等专用模板。

1) 钢模板的用途及规格

钢模板的用途及规格详见表 4.4。

表 4.4　钢模板的用途及规格

名称	图　示	用途	宽度/mm	长度/mm	肋高/mm
平面模板	1—插销孔；2—U 形卡孔；3—凸鼓；4—凸棱；5—边肋；6—主板；7—无孔横肋；8—有孔纵肋；9—无孔纵肋；10—有孔横肋；11—端肋	用于基础、墙体、梁、柱和板等多种结构的平面部位	600、550、500、450、400、350、300、250、200、150、100	1 800、1 500、1 200、900、750、600、450	55

续表

名称		图示	用途	宽度/mm	长度/mm	肋高/mm
转角模板	阴角模板	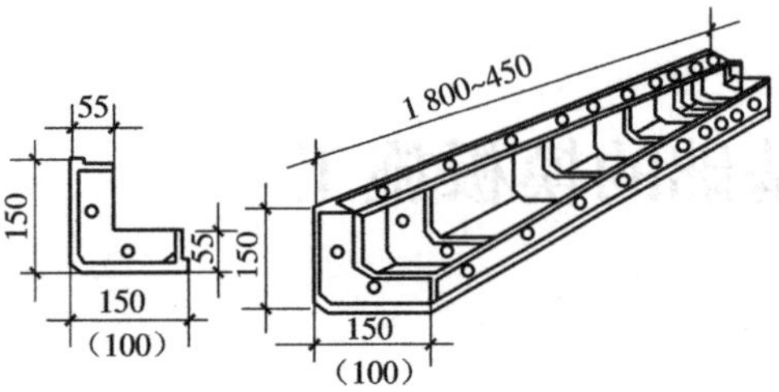	用于墙体和各种构架的内角及凹角的转角部位	150×150 100×100	1 800、1 500、1 200、900、750、600、450	
	阳角模板	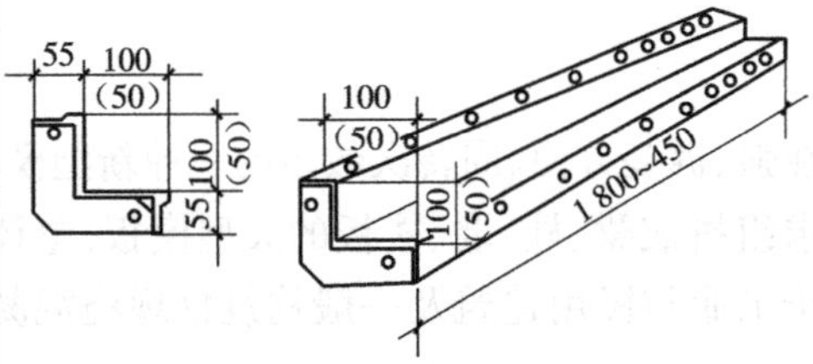	用于柱、梁及墙体等外角及凸角的转角部位	100×100 50×50		
	连接角膜	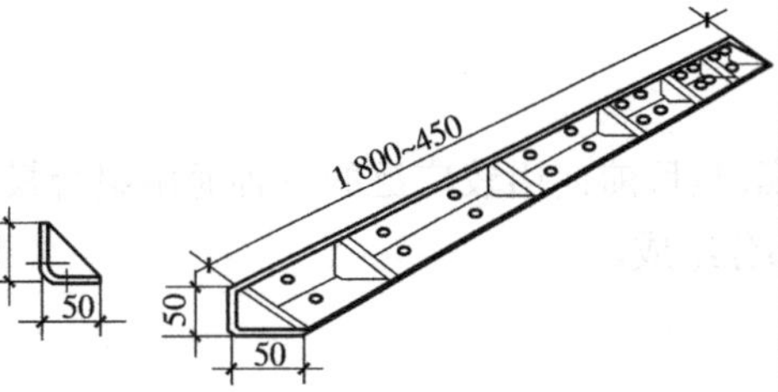	用于柱、梁及墙体等外角及凸角的转角部位	50×50		
倒棱模板	角棱模板	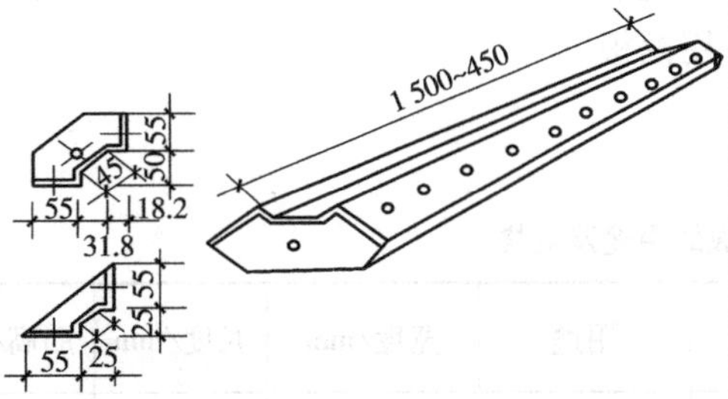	用于柱、梁及墙体等外角及凸角的倒棱部位	17、45	1 500、1 200、900、750、600、450	55
	圆棱模板	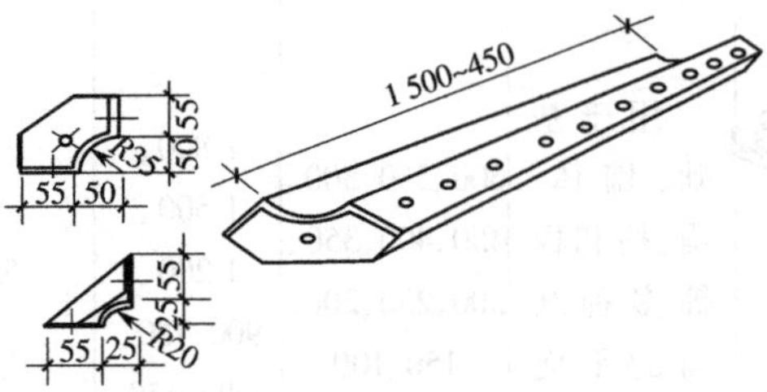		R20、R35		

续表

名称	图示	用途	宽度/mm	长度/mm	肋高/mm
梁腋模板	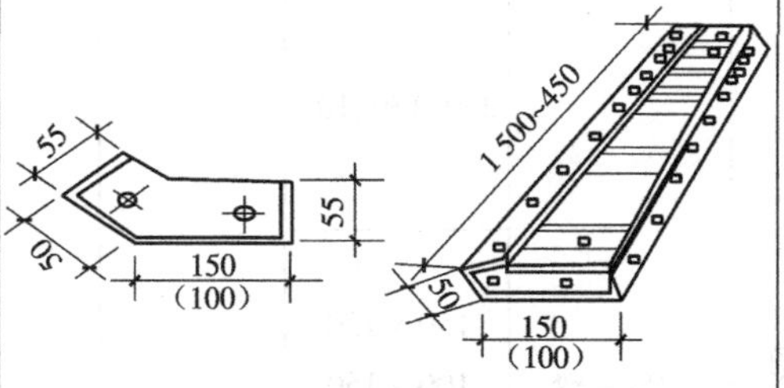	用于暗梁、明梁、沉箱及高架结构等梁腋部位	50×150 50×100		
柔性模板	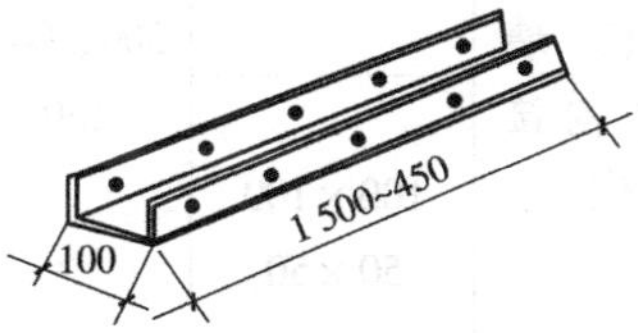	用于圆形桶壁、曲面墙体等部位	100		
搭接模板	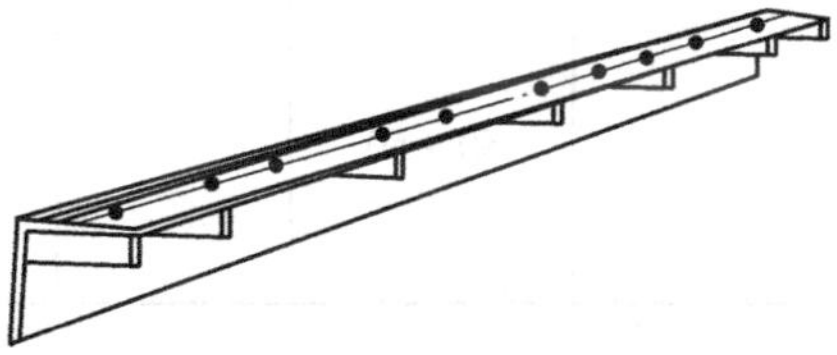	用于调节50 mm以内的拼装模板尺寸	75		
可调模板　双曲	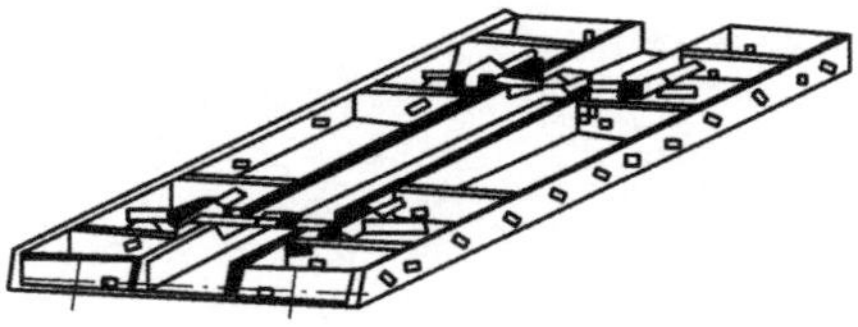	用于建筑物曲面部位	300、200	1 500、900、600	55
可调模板　变角	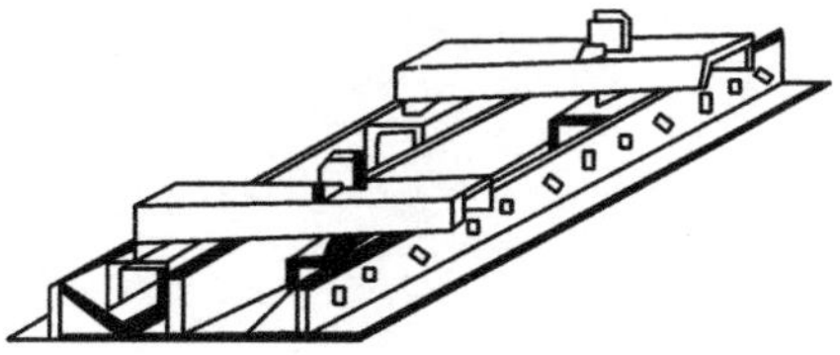	用于展开面为扇形或梯形的构筑物结构	200、160		

续表

名称		图示	用途	宽度/mm	长度/mm	肋高/mm
嵌补模板	平面嵌板	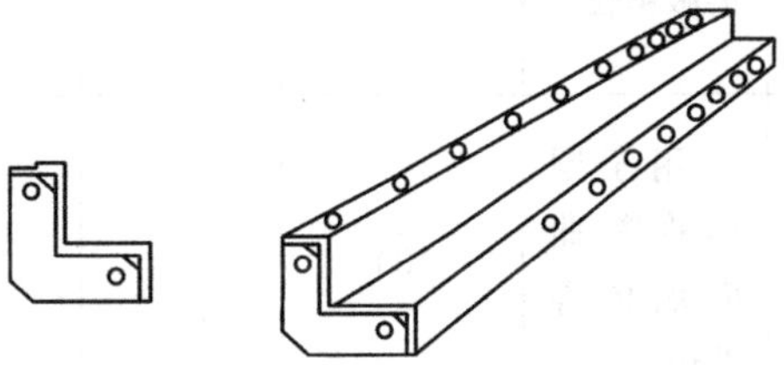	用于梁、柱、板、墙等结构接头部位	200、150、100	300、200、150	55
	阴角嵌板			150×150 100×150		
	阳角嵌板			100×100 50×50		
	连接模板			50×50		

2)钢模板规格编码

钢模板规格编码见表4.5。

表 4.5 钢模板规格

模板名称			模板长度													
			450		600		750		900		1 200		1 500		1 800	
			代号	尺寸/mm	代号	尺寸/mm	代号	尺寸/mm	代号	尺寸/mm	代号	尺寸/mm	代号	尺寸/mm	代号	尺寸/mm
平面模板代号	宽度	600	P6004	600×450	P6006	600×600	P6007	600×750	P6009	600×900	P6012	600×1 200	P6015	600×1 500	P6018	600×1 800
		550	P5504	550×450	P5506	550×600	P5507	550×750	P5509	550×900	P5512	550×1 200	P5515	550×1 500	P5518	550×1 800
		500	P5004	500×450	P5006	500×600	P5007	500×750	P5009	500×900	P5012	500×1 200	P5015	500×1 500	P5018	500×1 800
		450	P4504	450×450	P4506	450×600	P4507	450×750	P4509	450×900	P4512	450×1 200	P4515	450×1 500	P4518	450×1 800
		400	P4004	400×450	P4006	400×600	P4007	400×750	P4009	400×900	P4012	400×1 200	P4015	400×1 500	P4018	400×1 800
平面模板代号	宽度	350	P3504	350×450	P3506	350×600	P3507	350×750	P3509	350×900	P3512	350×1 200	P3515	350×1 500	P3518	350×1 800
		300	P3004	300×450	P3006	300×600	P3007	300×750	P3009	300×900	P3012	300×1 200	P3015	300×1 500	P3018	300×1 800
		250	P2504	250×450	P2506	250×600	P2507	250×750	P2509	250×900	P2512	250×1 200	P2515	250×1 500	P2518	250×1 800
		200	P2004	200×450	P2006	200×600	P2007	200×750	P2009	200×900	P2012	200×1 200	P2015	200×1 500	P2018	200×1 800
		150	P1504	150×450	P1506	150×600	P1507	150×750	P1509	150×900	P1512	150×1 200	P1515	150×1 500	P1518	150×1 800
		100	P1004	100×450	P1006	100×600	P1007	100×750	P1009	100×900	P1012	100×1 200	P1015	100×1 500	P1018	100×1 800
阴角模板（代号E）			E1504	150×150×450	E1506	150×150×600	E1507	150×150×750	E1509	150×150×900	E1512	150×150×1200	E1515	150×150×1500	E1518	150×150×1800
			E1004	100×150×450	E1006	100×150×600	E1007	100×150×750	E1009	100×150×900	E1012	100×150×1 200	E1015	100×150×1 500	E1018	100×150×1 800
阳角模板（代号Y）			Y1004	100×100×450	Y1006	100×100×600	Y1007	100×100×750	Y1009	100×100×900	Y1012	100×100×1 200	Y1015	100×100×1 500	Y1018	100×100×1 800
			Y0504	50×50×450	Y0506	50×50×600	Y0507	50×50×750	Y0509	50×50×900	Y0512	50×50×1 200	Y0515	50×50×1 500	Y0518	50×50×1 800
连接角模（代号J）			J0004	50×50×450	J0006	50×50×600	J0007	50×50×750	J0009	50×50×900	J0012	50×50×1 200	J0015	50×50×1 500	J0018	50×50×1 800

续表

模板名称		模板长度													
		450		600		750		900		1 200		1 500		1 800	
		代号	尺寸/mm	代号	尺寸/mm	代号	尺寸/mm	代号	尺寸/mm	代号	尺寸/mm	代号	尺寸/mm	代号	尺寸/mm
倒檩模板	角檩模板（代号JL）	JL1704	17×450	JL1706	17×600	JL1707	17×750	JL1709	17×900	JL1712	17×1 200	JL1715	17×1 500	JL1718	17×1 800
		JL4504	45×450	JL4506	45×600	JL4507	45×750	JL4509	45×900	JL4512	45×1 200	JL4515	45×1 500	JL4518	45×1 800
	圆檩模板（代号YL）	YL2004	20×450	YL2006	20×600	YL2007	20×750	YL2009	20×900	YL2012	20×1 200	YL2015	20×1 500	YL2018	20×1 800
		YL3504	35×450	YL3506	35×600	YLY507	Y5×750	YLY509	35×900	YL3512	35×1 200	YL3515	35×1 500	YL3518	35×1 800
梁腋模板（代号IY）		IY1004	100×50×450	IY1006	100×50×600	IY1007	100×50×750	IY1009	100×50×900	IY1012	100×50×1 200	IY1015	100×50×1 500	IY1018	100×50×1 800
		IY1504	150×50×450	IY1506	150×50×600	IY1507	150×50×750	IY1509	150×50×900	IY1512	150×50×1 200	IY1515	150×50×1 500	IY1518	150×50×1 800
柔性模板（代号Z）		Z1004	100×450	Z1006	100×600	Z1007	100×750	Z1009	100×900	Z1012	100×1 200	Z1015	100×1 500	Z1018	100×1 800
搭接模板（代号D）		D7504	75×450	D7506	75×600	D7507	75×750	D7509	75×900	D7512	75×1 200	D7515	75×1 500	D7518	75×1 800
双面可曲模板（代号T）		—	—	T3006	300×600	—	—	T3009	300×900	—	—	T3015	300×1 500	T3018	300×1 800
		—	—	T2006	200×600	—	—	T2009	200×900	—	—	T2015	200×1 500	T2018	200×1 800
变角可调模板（代号B）		—	—	B2006	200×600	—	—	B2009	200×900	—	—	B2015	200×1 500	B2018	200×1 800
		—	—	B1606	1 660×600	—	—	B1609	160×900	—	—	B1615	160×1 500	B1618	160×1 800

3）平面模板截面特征

平面模板截面特征见表4.6。

表4.6　平面模板截面特征

模板宽度 b/mm	面板厚度 δ/mm	肋板厚度 δ_1/mm	净截面面积 A /cm^2	中性轴位置 Y_X /cm	净截面惯性矩 I_X /cm^4	净截面抵抗矩 W_X /cm^3
600	3.00	3.00	24.56	0.98	58.87	13.02
	2.75	2.75	22.55	0.97	54.30	11.98
550	3.00	3.00	23.06	1.03	59.59	13.33
	2.75	2.75	21.17	1.02	55.06	12.29
500	3.00	3.00	19.58	0.96	47.50	10.46
	2.75	2.75	17.98	0.95	43.82	9.63
450	3.00	3.00	18.08	1.02	46.63	10.36
	2.75	2.75	16.06	1.01	42.83	9.54
400	3.00	3.00	16.58	1.09	45.20	10.25
	2.75	2.75	15.23	1.08	41.69	9.43
350	3.00	3.00	13.94	1.00	35.11	7.80
	2.75	2.75	12.80	0.99	32.38	7.18
300	2.75	2.75	11.42	1.08	36.3	8.21
	2.5	2.5	10.40	0.96	26.97	5.94
250	2.75	2.75	10.05	1.20	29.89	6.95
	2.5	2.5	9.15	1.07	25.98	5.86
200	2.75	—	7.61	1.08	20.85	4.72
	2.5	—	6.91	0.96	17.98	3.96
150	2.75	—	6.24	1.27	19.37	4.58
	2.5	—	5.69	1.14	16.91	3.88
100	2.75	—	4.86	1.54	17.91	4.34
	2.5	—	4.44	1.43	15.25	3.75

5.1.2　连接件

连接件由U形卡、L形插销、钩头螺栓、紧固螺栓、对拉螺栓、扣件等组成。

1. 连接件组成及用途

连接件组成及用途详见表4.7。

表4.7　连接件组成及用途

名称	图　示	用途	规格/mm	备注
U形卡	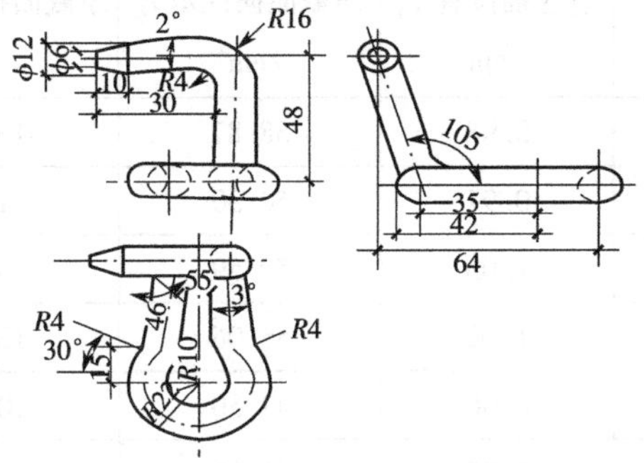 2° R16 φ12 φ6 10 R4 30 48 105 35 42 64 55 3° 46 R4 30° 15 R10 R22 R4	主要用于钢模板纵横向的自由拼接,将相邻模板夹紧	$\phi12$	Q235A圆钢
L形插销	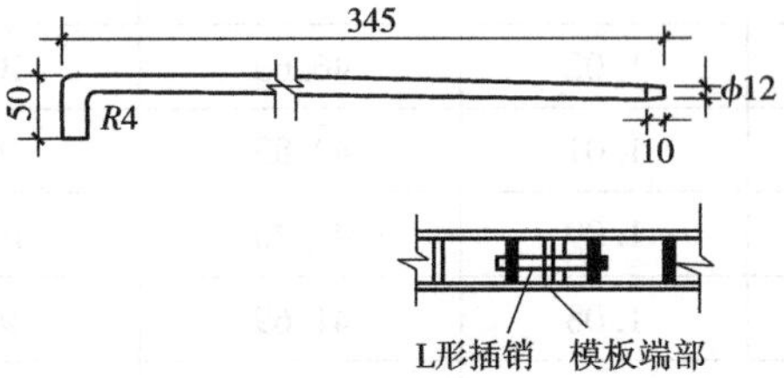 345 50 R4 φ12 10 L形插销 模板端部	用于增强钢模板的纵向拼接刚度、保证接缝处板面平整	$\phi12, L=345$	
钩头螺栓	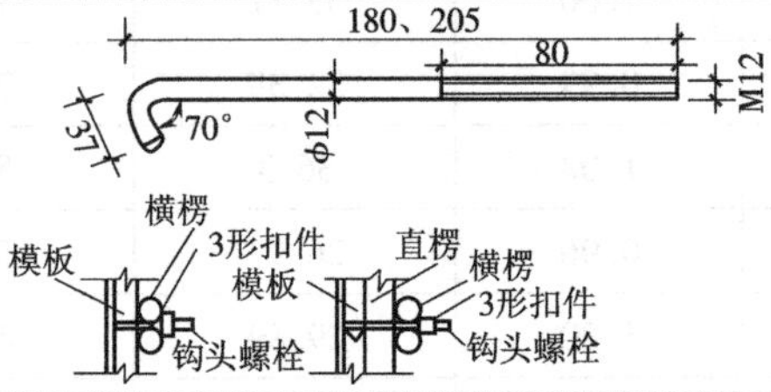 180、205 80 M12 37 70° φ12 横楞 模板 3形扣件 钩头螺栓 直楞 横楞 模板 3形扣件 钩头螺栓	用于钢模板与内、外钢楞之间的连接固定	$\phi12, L=205$、180	
紧固螺栓	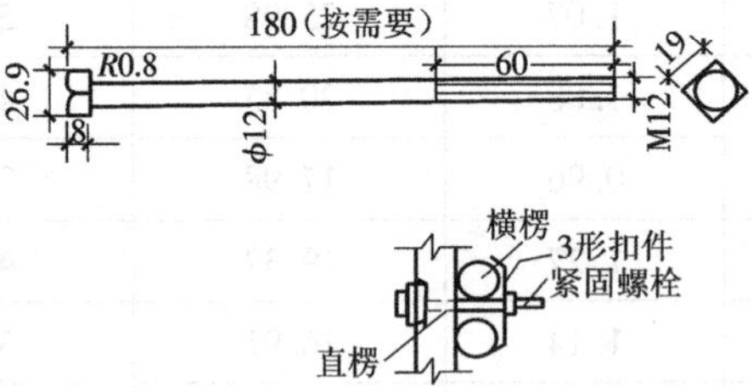 180(按需要) R0.8 60 19 26.9 8 φ12 M12 横楞 3形扣件 紧固螺栓 直楞	用于紧固内外钢楞,增强拼接模板的整体性	$\phi12, L=180$	
对拉螺栓	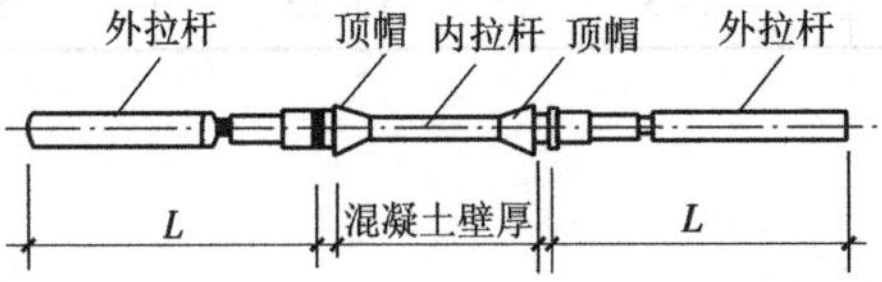 外拉杆 顶帽 内拉杆 顶帽 外拉杆 L 混凝土壁厚 L	用于拉接两竖向侧模板、保持两侧模板的间距,承受混凝土的侧压力和其他荷载,确保模板具有足够的强度和刚度	M12、M14、M16、T12、T14、T16、T18、T20	

续表

<table>
<tr><th colspan="2">名称</th><th>图　示</th><th>用途</th><th>规格/mm</th><th>备注</th></tr>
<tr><td rowspan="2">扣件</td><td>3形扣件</td><td>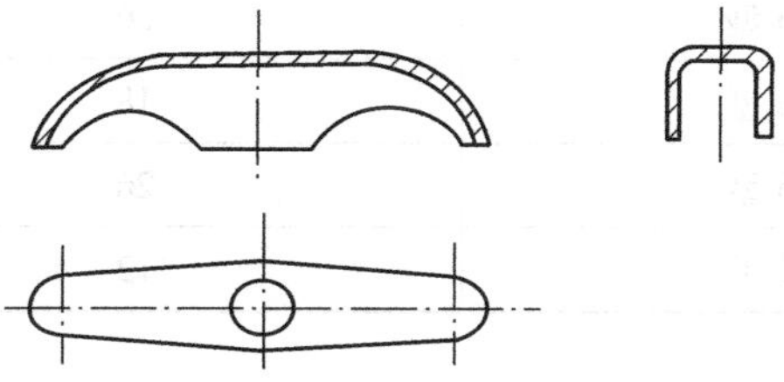</td><td rowspan="2">用于钢楞与钢模板或钢楞之间的紧固连接，与其他配件一起将钢模板拼装连接成整体，扣件应与相应的钢楞配套使用。按钢楞的不同形状，分别采用蝶形扣件和3形扣件，扣件的刚度与配套螺栓的强度相适应</td><td>26型、12型</td><td rowspan="2">Q235钢板</td></tr>
<tr><td>蝶形扣件</td><td>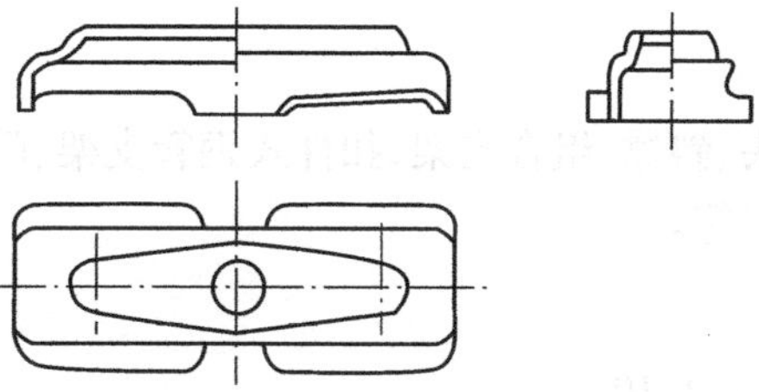</td><td>26型、18型</td></tr>
</table>

2. 对拉螺栓的规格和性能

对拉螺栓的规格和性能见表4.8。

表4.8　对拉螺栓的规格和性能

螺栓直径/mm	螺纹直径/mm	净面积/mm^2	容许拉力/kN
M12	10.11	76	12.9
M14	11.84	105	17.8
M16	13.84	144	24.5
T12	9.5	71	12.05
T14	11.5	104	17.65
T16	13.5	143	24.47
T18	15.5	189	32.08
T20	17.5	241	40.91

3. 扣件容许荷载

扣件容许荷载见表4.9。

表 4.9　扣件允许荷载

项目	型号	容许荷载/kN
蝶形扣件	26 型	26
	18 型	18
3 形扣件	26 型	26
	12 型	12

5.1.3　支撑件

支撑件包括钢楞、柱箍、钢支柱、早拆柱头、斜撑、组合支架、扣件式钢管支架、门式支架、碗扣式支架、方塔式支架、梁卡具、圈梁卡和桁架等。

1. 各种常用型钢钢楞的规格和力学性能

各种常用型钢钢楞的规格和力学性能见表 4.10。

表 4.10　各种常用型钢钢楞的规格和力学性能

规格/mm		截面积 A /cm^2	质量 /(kg/m)	截面惯性矩 I_x /cm^4	截面最小抵抗距 W_x /cm^3
圆钢管	ϕ48 × 3.0	4.24	3.33	10.78	4.49
	ϕ48 × 3.5	4.89	3.84	12.19	5.08
	ϕ51 × 3.5	5.22	4.10	14.81	5.81
矩形钢管	□60 × 40 × 2.5	4.57	3.59	21.88	7.29
	□80 × 40 × 2.0	4.52	3.55	37.13	9.28
	□100 × 50 × 3.0	8.64	6.78	112.12	22.42
轻型槽钢	[80 × 40 × 3.0	4.5	3.53	43.92	10.98
	[100 × 50 × 3.0	5.7	4.47	88.52	12.20
内卷边槽钢	[80 × 40 × 15 × 3.0	5.08	3.99	48.92	12.23
	[100 × 50 × 20 × 3.0	6.58	5.16	100.28	20.06
轧制槽钢	[80 × 43 × 5.0	10.24	8.04	101.30	25.3

2. 柱箍

柱箍又称柱卡箍、定位夹箍(图 4.16),用于直接支撑和夹紧各类柱箍的支撑件,可根据柱模的外形尺寸和侧压力的大小选用。常用柱箍的规格和力学性能见表 4.11。

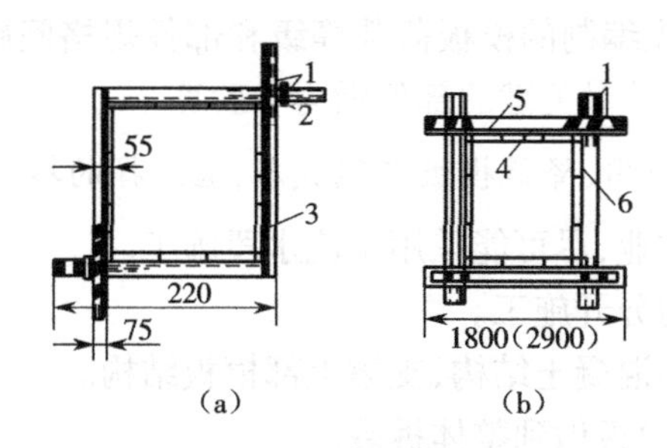

图4.16　柱箍

(a)角钢类型　(b)型钢类型

1—插销;2—限位器;3—夹板;4—模板;5—型钢A;6—型钢B

表4.11　常用柱箍的规格和力学性能

材料	规格/mm	夹板长度/mm	截面积A/cm^2	截面惯性矩I_x/cm^4	截面最小抵抗距W_x/cm^3	适用柱宽范围/mm
扁钢	—60×6	790	360	10.80×10^4	3.60×10^3	250~500
角钢	∟75×50×5	1068	612	34.86×10^4	6.83×10^3	250~740
轧制槽钢	[80×43×5.0 [100×48×5.3	1 340 1 380	1 024 1 074	101.3×10^4 198.3×10^4	25.3×10^3 39.7×10^3	500~100 500~1 200
钢管	ϕ48×3.5 ϕ51×3.5	1 200 1 200	489 522	12.19×10^4 14.81×10^4	5.08×10^3 5.81×10^3	300~700 300~700

注:采用Q235钢。

5.2　模板设计

5.2.1　一般规定

1.模板工程的施工设计应包括的内容

(1)绘制配板设计图、连接件和支撑系统布置图、细部结构和异型模板详图及特殊部位详图。

(2)根据结构构造形式和施工条件确定模板荷载,对模板和支撑系统做力学验算。

(3)编制模板与配件的规格、品种与数量明细表。

(4)制定模板结构安装及拆卸的程序,特殊部位、预埋件及预留孔洞的处理方法,安全措施等。

(5)制定模板及配件的周转使用方式与计划。

(6)制定模板安装及拆模工艺以及技术安全措施。

简单的模板工程可按预先编制的模板荷载等级和部件规格间距选用图表,绘制模板排列图及连接件与支撑件布置图,并对关键的部位做力学验算。

2. 为了加快模板的周转使用,降低模板工程成本,宜选择的措施

(1)采用分层分段流水作业,尽可能采用小流水段施工。

(2)竖向结构与横向结构分开施工。

(3)充分利用一定强度的混凝土结构,支撑上部模板结构。

(4)采用预装配措施,使模板做到整体拆装。

(5)水平结构模板宜采用"先拆模板(面板),后拆支撑"的"早拆体系";充分利用各种钢管脚手架作为模板支撑。

5.2.2 刚度及强度验算

(1)组成模板结构的钢模板、钢楞和支柱应采用组合荷载验算其刚度,其容许挠度应符合表4.12的规定。

表4.12 钢模板及配件的容许挠度 mm

部件名称	容许挠度	部件名称	容许挠度
钢模板的面板	1.5	柱箍	$b/500$
单块钢模板	1.5	桁架	$L/1\ 000$
钢楞	$L/500$	支撑系统累计	4.0

注:L 为计算跨度,b 为柱宽。

(2)组合钢模板所用材料的强度设计值,应按照国家现行规范的有关规定取用。

(3)当验算模板及支撑系统在自重与风荷载作用下抗倾覆的稳定性时,抗倾覆系数不应小于1.15。风荷载应根据现行国家标准《建筑结构荷载规范》(GB 50009—2012)的有关规定取用。

5.2.3 配板设计要求

(1)要保证构件的形状尺寸及相互位置的正确。

(2)要使模板及其支架具有足够的强度、刚度和稳定性,能够承受新浇筑混凝土的重量和侧压力以及各种施工荷载。

(3)力求结构简单,拆装方便,不妨碍钢筋绑扎,保障混凝土浇筑时不漏浆。柱、梁、墙、板的各种模板面的交接部分,应采用连接方便、结构牢固的专用模板。

(4)配置的模板,应优先采用通用、大块模板,使其种类和块数最小,木模拼接量最少。设置对拉螺栓的模板,可局部改用55 mm×100 mm刨光方木代替,或应使钻孔的模板多次周转使用。

(5)相邻钢模板的边肋,都应用U形卡插卡牢固,U形卡的间距不应大于300 mm。端头

接缝上的卡孔，也应插上U形卡或L形插销。

(6)模板长边方向拼接宜错开布置，以增加模板的整体刚度。

5.2.4　支撑系统设计要求

(1)模板的支撑系统应根据模板的荷载和部件的刚度进行布置。内钢楞的配置方向应与钢模板的长度方向相垂直，直接承受钢模板传递的荷载，其间距应按荷载数值和钢模板的力学性能计算确定。外钢楞承受内钢楞传递的荷载，用以加强钢模板结构的整体刚度和调整平直度。

(2)一般梁、柱模板，宜采用柱箍和梁卡具作支撑件。断面较大的柱、梁，宜采用对拉螺栓和钢楞及拉杆。

(3)支撑系统应经过设计计算，保证具有足够的强度和稳定性。当支柱或其节间的长细比大于110时，应按临界荷载进行核算，安全系数可取3～3.5。

(4)支撑系统中，对连续形式和排架形式的支柱应配置水平撑与剪刀撑，以保证其稳定性。

5.3　现浇剪力墙大模板施工

在箱形基础模板施工中，可能存在钢筋混凝土剪力墙大模板的施工，因此本节内容就大模板施工工艺及质量控制要点进行详细论述。

5.3.1　施工准备

1.材料及主要机具

(1)配套大模板：平模、角模，包括地脚螺栓及垫板、穿墙螺栓及套管、护身栏、爬梯及作业平台板等。

(2)隔离剂：甲基硅树脂、水性脱模剂。

(3)一般应备有锤子、斧子、打眼电钻、活动扳子、手锯、水平尺、线坠、撬棍、吊装索具等。

2.作业条件

(1)按工程结构设计图进行模板设计，确保强度、刚度及稳定性。

(2)弹好楼层的墙身线、门窗洞口位置线及标高线。

(3)墙身钢筋绑扎完毕，水电箱盒、预埋件、门窗洞口预埋完毕，检查保护层厚度应满足要求，办完隐蔽工程验收手续。

(4)为防止大模板下口跑浆，安装大模板前抹好砂浆找平层，但找平层不能伸入墙身内。

(5)外砖内模结构在安装大模板前，把组合柱处的墙上舌头灰清理干净，全现浇结构挂好供外墙模板操作的架子。

(6)安装大模板前应把大模板板面清理干净，刷好隔离剂。(不允许在模板就位后刷隔离剂，防止污染钢筋及混凝土接触面，涂刷均匀，不得漏刷)

5.3.2 操作工艺

1. 外板内模结构安装大模板工艺流程

外板内模结构安装大模板工艺流程:准备工作→安正号模板→安装外墙板→安反号模板→固定模板上口→预检。

(1)按照先横墙后纵墙的安装顺序,将一个流水段的正号模板用塔吊按顺序吊至安装位置初步就位,用撬棍按墙位线调整模板位置,对称调整模板的一对地脚螺栓或斜杆螺栓。用托线板测垂直校正标高,使模板的垂直度、水平度、标高符合设计要求,立即拧紧螺栓。

(2)安装外墙板,用花篮螺栓或卡具将上下端拉结固定。

(3)合模前检查钢筋、水电预埋管件、门窗洞口模板、穿墙套管是否遗漏,位置是否准确,安装是否牢固,是否削弱断面过多等,在合反号模板之前将墙内杂物清理干净。

(4)安装反号模板,经校正垂直后,用穿墙螺栓将两块模板锁紧。

(5)正反模板安装完后,检查角模与墙模、模板与楼板、楼梯间墙面间隙必须严密,防止有漏浆、错台现象。检查每道墙上口是否平直,用扣件或螺栓将两块模板上口固定。办完模板工程预检验收后,方准浇筑混凝土。

2. 外砖内模结构安装大模板工艺流程

外砖内模结构安装大模板工艺流程:外墙砌砖→安装正、反号大模板→安装角模→预检。

(1)安装正反号大模板,其方法与外板内模结构相同。

(2)在混凝土内外墙交接处安装角模,为防止浇内墙混凝土时组合柱处的外砖墙鼓胀,应在砖墙外加竖向 5 cm 厚木板及横向加固带,通过与内墙钢模拉结,增加砖墙刚度。

3. 全现浇结构安装大模板工艺流程

全现浇结构安装大模板工艺流程:准备工作→挂外架子→安内横墙模板→安内纵墙模板→安堵头模板→安外墙内侧模板→合模前钢筋隐检→安外墙外侧模板→预检。

(1)在下层外墙混凝土强度不低于 7.5 MPa 时,利用下一层外墙螺栓孔挂金属三角平台架。

(2)安装内横墙、内纵墙模板。(安装方法与外板内模结构的大模板安装相同)

(3)在内墙模板的外端头安装活动堵头模板,它可以用木板或用铁板根据墙厚制作,模板要严密,防止浇筑内墙混凝土时,混凝土从外端头部位流出。

(4)先安装外墙内侧模板,按楼板上的位置线将大模板就位找正,然后安装门窗洞口模板。

(5)合模板前将钢筋、水电等预埋管件进行隐检。

(6)安装外墙外侧模板,模板放在金属三角平台架上,将模板就位,穿螺栓紧固校正,注意施工缝模板的连接处必须严密、牢固可靠,防止出现错台和漏浆现象。

5.3.3 大模板拆除

(1)在常温条件下,墙体混凝土强度必须达 1 MPa,冬期施工外板内模结构、外砖内模结构，墙体混凝土强度达4 MPa才准拆模，全现浇结构外墙混凝土强度在7.5 MPa，内墙混凝土强度在5 MPa才准拆模，拆模时应以同条件养护试块抗压强度为准。

（2）拆除模板顺序与安装模板顺序相反，先拆纵墙模板后拆横墙模板；首先拆下穿墙螺栓，再松开地脚螺栓，使模板向后倾斜与墙体脱开。如果模板与混凝土墙面吸附或黏结不能离开时，可用撬棍撬动模板下口，不得在墙上口撬模板，或用大锤砸模板。应保证拆模时不晃动混凝土墙体，尤其拆门窗洞模板时不能用大锤砸模板。

（3）拆除全现浇结构模板时，应先拆外墙外侧模板，再拆除内侧模板。

（4）清除模板平台上的杂物，检查模板是否有钩挂兜绊的地方，调整塔臂至被拆除的模板上方，将模板吊出。

（5）大模板吊至存放地点时，必须一次放稳，保持自稳角为75°～80°，及时进行板面清理，涂刷隔离剂，防止粘连灰浆。

（6）大模板应定期进行检查与维修，保证使用质量。

5.3.4　质量标准

（1）主控项目：模板及其支架必须具有足够的强度、刚度、稳定性。其支架的支撑部分应有足够支撑面积。

（2）一般项目：大模板的下口及大模板与角模接缝处要严实，不得漏浆。模板接缝处，接缝的最大宽度不应超过规定，模板与混凝土的接触面应清理干净，并用隔离剂涂刷均匀。

（3）允许偏差的项目见表4.13。

表4.13　现浇剪力墙结构大模板允许偏差

项目	允许偏差/mm		检查方法
	多层大模	高层大模	
墙轴线位移	5	3	尺量检查
标高	±5	±5	用水准仪或拉线和尺量检查
墙截面尺寸	±2	±2	尺量检查
每层垂直度	3	3	用2 m托线板检查
相邻两板表面高低差	2	2	用直尺和尺量检查
表面平整度	2	2	用2 m靠尺和楔形塞尺检查
预埋钢板中心线位移	3	3	尺量检查
预埋管、预留孔中心线位移	3	3	尺量检查

续表

项 目		允许偏差/mm		检查方法
		多层大模	高层大模	
钢筋	中心线位移	2	2	尺量检查
	外露长度	+10,0	+10,0	尺量检查
预留洞	中心线位移	10	10	尺量检查
	截面内部尺寸	+10,0	+10,0	尺量检查

5.3.5 成品保护

(1)保持大模板本身的整洁及配套设备零件的齐全,吊运应防止碰撞墙体,堆放合理,保持板面不变形。冬期施工时大模板背面的保温措施应保持完好。

(2)大模板吊运就位时要平稳、准确,不得碰砸楼板及其他已施工完的部位,不得兜挂钢筋。用撬棍调整大模板时,要注意保护模板下面的砂浆找平层。

(3)拆除模板时按程序进行,禁止用大锤敲击,防止混凝土墙面及门窗洞口等处出现裂纹。

(4)模板与墙面黏结时,禁止用塔吊吊拉模板,防止将墙面拉裂。

(5)冬期施工防止混凝土受冻,当混凝土达到规范规定拆模强度后方准拆模,否则会影响混凝土质量。

5.3.6 应注意的质量问题

(1)墙身超厚:墙身放线时误差过大,模板就位调整不认真,穿墙螺栓没有全部穿齐、拧紧。

(2)墙体上口过大:支模时上口卡具没有按设计要求尺寸卡紧。

(3)混凝土墙体表面粘连:由于模板清理不好,涂刷隔离剂不匀,拆模过早所造成。

(4)角模与大模板缝隙过大跑浆:模板拼装时缝隙过大,连接固定措施不牢靠,应加强检查,及时处理。

(5)角模入墙过深:支模时角模与大楼板连接凹入过多或不牢固,应改进角模支模方法。

(6)门窗洞口混凝土变形;门窗洞口模板的组装及与大模板的固定不牢固,必须认真进行洞口模板设计,能够保证尺寸,便于装拆。

(7)严格控制模板上口标高。

任务6 箱形基础的混凝土施工

箱形基础的混凝土施工工艺和质量控制要求除了和主体结构的混凝土施工有着相类似的要求外,还具有大体积混凝土施工的特点,同时箱形基础的混凝土施工还有其自身的特点,例如混凝土自防水等问题。

6.1　防水混凝土施工及质量控制

箱形基础通常作为结构的地下室的一部分,有其特殊的使用功能。为了保证地下室的基本功能,故此对箱形基础的混凝土自防水提出了较高的要求。下面讨论地下室防水混凝土的施工。

6.1.1　施工准备

1.材料及主要机具

(1)水泥:采用425号硅酸盐水泥、普通硅酸盐水泥或矿渣硅酸盐水泥,严禁使用过期、受潮、变质的水泥。

(2)砂:宜用中砂,含泥量不得大于3%。

(3)石:宜用卵石,最大粒径不大于40 mm,含泥量不大于1%,吸水率不大于1.5%。

(4)水:饮用水或天然洁净水。

(5)U.E.A膨胀剂:其性能应符合国家标准《混凝土膨胀剂》(GB 23439—2009),其掺量应符合设计要求及有关的规定,与其他外加剂混合使用时,应经试验试配后使用。

(6)主要机具:混凝土搅拌机、翻斗车、手推车、振捣器、溜槽、串筒、铁板、铁锹、吊斗、计算器具、磅秤等。

2.作业条件

(1)钢筋、模板上道工序完成,办理隐检、预检手续。注意检查固定模板的铁丝、螺栓是否穿过混凝土墙,如必须穿过时,应采取止水措施。特别是管道或预埋件穿过处是否已做好防水处理。木模板提前浇水湿润,并将落在模板内的杂物清理干净。

(2)根据施工方案,做好技术交底。

(3)材料需经检验,由试验室试配提出混凝土配合比,试配的抗渗等级应按设计要求提高0.2 MPa。

(4)如地下水位高时,在地下防水工程施工期间要做好降水、排水工作。

6.1.2　操作工艺

工艺流程:作业准备→混凝土搅拌→运输→混凝土浇筑→养护。

1.混凝土搅拌

首先按照下面的顺序进行投料:

石子→砂→水泥→U.E.A膨胀剂→水

投料先干拌0.5~1 min再加水。水分三次加入,加水后搅拌1~2 min(比普通混凝土搅拌时间延长0.5 min)。混凝土搅拌前必须严格按试验室配合比通知单操作,不得擅自修改。散装水泥、砂、石车车过磅,在雨季,砂必须每天测定含水率,并据此调整用水量。现场搅拌混凝土坍落度控制在6~8 cm,泵送商品混凝土坍落度控制在14~16 cm。

2. 混凝土运输

混凝土运输供应要保持连续均衡,间隔不应超过1.5 h,夏季或运距较远可适当掺入缓凝剂,一般掺入2.5‰~3‰木钙为宜。运至施工现场输后如出现离析,浇筑前要进行二次拌合。

3. 混凝土浇筑

混凝土应连续浇筑,不留或少留施工缝。

(1)底板一般按设计要求不留施工缝或留在后浇带上。

(2)墙体水平施工缝留在高出底板表面不少于200 mm的墙体上。墙体如有孔洞,施工缝距孔洞边缘不宜少于300 mm。施工缝形式宜用凸缝(墙厚大于30 cm)或阶梯缝、平直缝加金属止水片(墙厚小于30 cm)。施工缝宜做企口缝并用B.W止水条处理,垂直施工缝宜与后浇带、变形缝相结合。

(3)在施工缝上浇筑混凝土前,应将混凝土表面凿毛,清除杂物,冲净并湿润,再铺一层2~3 cm厚水泥砂浆(即原配合比去掉石子)或同一配合比的减石子混凝土。浇筑第一步其高度为40 cm,以后每步浇筑50~60 cm,严格按施工方案规定的顺序浇筑。混凝土自高处自由倾落不应大于2 m;如高度超过3 m,要用串筒、溜槽下落。

(4)应用机械振捣,以保证混凝土密实,振捣时间一般10 s为宜,不应漏振或过振;振捣延续时间应使混凝土表面浮浆,无气泡,不下沉为止。铺灰和振捣应从对称位置开始,防止模板走动。结构断面较小、钢筋密集的部位严格按分层浇筑、分层振捣的要求操作;浇筑到最上层表面,必须用木抹找平,使表面密实平整。

4. 养护

常温20~25 ℃浇筑后6~10 h苫盖浇水养护,要保持混凝土表面湿润,养护不少于14 d。

5. 冬期施工

水和砂应根据冬期施工方案规定加热,应保证混凝土入模温度不低于5 ℃,采用综合蓄热法保温养护,冬期施工掺入的防冻剂应选用经认证的产品。拆模时混凝土表面温度与环境温度差不大于15 ℃。

6.1.3 质量标准

1. 主控项目

(1)防水混凝土的原材料、外加剂及预埋件必须符合设计要求和施工规范有关标准的规定,检查出厂合格证、试验报告。

(2)防水混凝土的抗渗等级和强度必须符合设计要求,检查配合比及试块试验报告。抗渗试块500 m^3以下留两组,其中一组标养,一组同条件养护,养护期28 d,每增250~500 m^3增留两组。

(3)施工缝、变形缝、止水片、穿墙管、支模铁件设置与构造须符合设计要求和施工规范的规定,严禁有渗漏。

2. 一般项目

混凝土表面平整,无露筋、蜂窝等缺陷,预埋件位置正确。

3. 允许偏差项目

允许偏差项目见表4.14。

表4.14　允许偏差项目

<table>
<tr><th rowspan="2"></th><th rowspan="2" colspan="2">项　目</th><th colspan="2">允许偏差/mm</th><th rowspan="2">检查方法</th></tr>
<tr><th>高层框架</th><th>高层大模</th></tr>
<tr><td>1</td><td colspan="2">轴线位移</td><td colspan="2">5</td><td>尺量检查</td></tr>
<tr><td>2</td><td colspan="2">楼层标高</td><td>+2，-5</td><td>±10</td><td>用水准仪或尺量检查</td></tr>
<tr><td>3</td><td colspan="2">基础截面尺寸</td><td>±10</td><td>±10</td><td>尺量检查</td></tr>
<tr><td rowspan="2">4</td><td rowspan="2">表面垂直度</td><td>每层</td><td colspan="2">5</td><td>用2 m托线板检查</td></tr>
<tr><td>全高</td><td colspan="2">H/1 000</td><td>用经纬仪或吊线和尺量检查</td></tr>
<tr><td>5</td><td colspan="2">表面平整度</td><td>8</td><td>4</td><td>用2 m靠尺和楔形塞尺检查</td></tr>
<tr><td>6</td><td colspan="2">预埋铜板中心线位置偏移</td><td colspan="2">10</td><td>尺量检查</td></tr>
<tr><td>7</td><td colspan="2">预埋管螺栓中心线位置偏移</td><td colspan="2">5</td><td>尺量检查</td></tr>
<tr><td>8</td><td colspan="2">井筒全高垂直度</td><td colspan="2">H/1 000</td><td>用吊线和尺量检查</td></tr>
</table>

6.1.4　成品保护

(1)为保护钢筋、模板尺寸位置正确,不得踩踏钢筋,并不得碰撞、改动模板和钢筋。

(2)在拆模或吊运其他物件时,不得碰坏施工缝处企口,及止水带。

(3)保护好穿墙管、电线管、电门盒及预埋件等,振捣时勿挤偏或使预埋件挤入混凝土内。

6.1.5　应注意的质量问题

(1)严禁在混凝土内任意加水,严格控制水灰比,水灰比过大将影响U. E. A补偿收缩混凝土的膨胀率,直接影响补偿收缩及减少收缩裂缝的效果。

(2)细部构造处理是防水的薄弱环节,施工前应审核图纸,对特殊部位如变形缝、施工缝、穿墙管、预埋件等细部要精心处理。

(3)地下室防水工程必须由防水专业队施工,其技术负责人及班组长必须持有上岗证书。施工完毕,及时整理施工技术资料,交总包归档。地下室防水工程保修期三年,出现渗漏要负责返修。

(4)穿墙管外预埋带有止水环的套管,应在浇筑混凝土前预埋固定,止水环周围混凝土要细心振捣密实,防止漏振,主管与套管按设计要求用防水密封膏封严。

(5)结构变形缝应严格按设计要求进行处理,止水带位置要固定准确,周围混凝土要细心浇筑振捣,保证密实,止水带不得偏移,变形缝内填沥青木丝板或聚乙烯泡沫棒,缝内 20 mm 处填防水密封膏,在迎水面上加铺一层防水卷材,并抹 20 mm 防水砂浆保护。

(6)后浇缝一般待混凝土浇筑 6 周后,应以原设计混凝土等级提高一级的 U. E. A 补偿收缩混凝土浇筑,浇筑前接槎处要清理干净,养护 28 d。

6.2 箱形基础施工缝的处理

6.2.1 施工缝的概念

施工缝指的是在混凝土浇筑过程中,因设计要求或施工需要分段浇筑而在先、后浇筑的混凝土之间所形成的接缝。施工缝并不是一种真实存在的“缝”,它只是因后浇筑混凝土超过初凝时间,而与先浇筑的混凝土之间存在一个结合面,该结合面就称为施工缝。

6.2.2 施工缝的设置原则

(1)施工缝的位置应设置在结构受剪力较小和便于施工的部位,且应符合下列规定:柱应留水平缝,梁、板、墙应留垂直缝。

(2)施工缝应留置在基础的顶面、梁或吊车梁牛腿的下面、吊车梁的上面、无梁楼板柱帽的下面。

(3)和楼板连成整体的大断面梁,施工缝应留置在板底面以下 20 ~ 30 mm 处;当板下有梁托时,留置在梁托下部。

(4)对于单向板,施工缝应留置在平行于板的短边的任何位置。

(5)有主次梁的楼板,宜顺着次梁方向浇筑,施工缝应留置在次梁跨度中间 1/3 的范围内。

(6)墙上的施工缝应留置在门洞口过梁跨中 1/3 范围内,也可留在纵横墙的交接处。

(7)楼梯上的施工缝应留在踏步板的 1/3 处。

(8)水池池壁的施工缝宜留在高出底板表面 200 ~ 500 mm 的竖壁上。

(9)双向受力楼板、大体积混凝土、拱、壳、仓、设备基础、多层钢架及其他复杂结构,施工缝位置应按设计要求留设。

6.2.3 施工缝的处理措施

施工缝处混凝土骨料集中,混凝土酥松,新旧混凝土接茬明显,沿缝隙处渗漏水。根据施工出现的部位和呈现出的质量状态,可以采取以下措施进行处理。

(1)立缝表面凿毛法:混凝土终凝后,挡板拆除,用斩斧或钢杆将表面凿毛,清理松动石子,此时混凝土强度很低,凿深 20 ~ 30 mm 较容易,待二次浇筑混凝土时,提前用压力水将缝面冲洗干净,边浇边刷素水泥浆一道,以增强咬合力。

(2)增加粗骨料法:梁、板体积较大造成留置缝厚大,表面的浮浆层、泌水层也相应厚,施工缝的处理难度较大;如采取刮除表面的浮浆或二次振捣效果不佳,可采用添加粗骨料的方法,将级配干净的碎石撒入浮浆内,重新振捣防止石子集中。这样会使接缝处浇筑混凝土在体积较大处时粗细骨料均匀,水泥浆不会流失且强度不会降低,亦能提高新旧界面的黏结力和咬合力。

(3)清除浮浆法:当混凝土体量较小时,可用铁抹子将表面的浮浆刮去一层,深度小于25 mm,并挖压出条纹状,这样可以提高水平施工缝的黏结质量,对新旧混凝土结合有利。

(4)二次开发振捣法:掌握好时间,在混凝土初凝后,终凝前进行二次振捣,这样会对沉下的石子和上浮浆水重新搅拌组合一次,使之更均匀密实。缝的重新振捣实践表明是有效措施之一。

注意在浇筑施工缝的混凝土时应该符合下列规定。

(1)已浇筑的混凝土,其抗压强度不应小于1.2 MPa。

(2)在已硬化的混凝土表面上,应清除水泥薄膜和松动石子以及软弱混凝土层,并加以充分湿润和冲洗干净,且不得积水,即要做到:去掉乳皮,微露粗砂,表面粗糙。

(3)浇筑前,水平施工缝宜先铺上10~15 mm厚的水泥砂浆一层,其配合比与混凝土内的砂浆成分相同。

(4)混凝土应细致振捣密实,以保证新旧混凝土的紧密结合。

(5)防水混凝土结构设计,其钢筋的布置和墙体厚度均应考虑方便施工,易于保证施工质量。

(6)高度大于2 m的墙体,宜用串筒或振动溜管下料。

任务7　箱形基础的质量及安全控制

钢筋混凝土箱形基础工程主要由模板、钢筋、混凝土三大分项工程组成,每个分项工程的质量控制内容、标准和检验方法已在前面学习情境进行了详细阐述,在这里就其质量与安全管理做些补充。

7.1　质量方面

箱形基础深基坑开挖工程应在认真研究建筑场地、工程地质和水文地质资料的基础上进行施工组织设计。

(1)箱形基础基坑开挖:坑开挖前应验算边坡稳定性,并注意对基坑邻近建筑物的影响。

(2)如基坑开挖时有地下水,应采用明沟排水或井点降水等方法,保持作业现场的干燥。

(3)箱形基础的基底是直接承受全部建筑物的荷载,必须是土质良好的持力层。

(4)箱形基础的底板、顶板及内外墙的支模和浇筑,可采用内外墙和顶板分次支模浇筑方法施工。外墙接缝应设止水带。

(5)箱形基础的底板、顶板及内外墙宜连续浇灌完毕。

(6)箱形基础底板的厚度,一般都超过1.0 m,其整个箱形基础的混凝土体积常达数千立方,因此,箱形基础的混凝土浇筑属于大体积钢筋混凝土的浇灌问题。

(7)箱形基础施工完毕,应抓紧做好基坑回填工作,尽量缩短基坑暴露时间。回填前要做好排水工作,使基坑内始终保持干燥状态,回填土应分层夯实。

(8)箱形基础工程质量要求较高,施工要注意的问题有:①基坑开挖(特别在软土地基时)不能扰动坑底土层;②要考虑基坑开挖后,坑底土体的剪切破坏(塑流)、回弹和回弹后的沉降,坑外地面沉降对邻近建筑物和地下管线设施等安全使用的影响。

7.2 安全方面

为保证在安全事故发生后能及时采取有效应急措施,减小安全事故造成的损失,并为有关部门的工作创造有利条件,特制定如下规定。

(1)当发生安全事故时,应立即停工,消除所有引起安全事故的隐患。

(2)组织人力维护好安全事故现场周围的正常秩序,设置警戒,疏散围观人员,保证抢救工作顺利进行。

(3)按照《安全事故报告制度》的规定立即上报给有关部门,不得拖延或隐瞒不报。

(4)成立以项目经理为领导的安全事故应急组织,成员包括项目部安全员、班组长等。发生安全事故后能及时组织人力、物力召开工作。

(5)建立健全的安全生产责任制度和安全值班制度,保证安全事故处理工作层层有人负责,事事有人管理。

(6)成立安全员领导的抢救小组,根据伤者的不同部位、工伤的不同类别采取正确的抢救方法。现场配备医疗急救箱,必要时及时通知120救护车来现场急救。

(7)现场配备通信工具和项目部安全管理人员通信录,确保通信畅通。

(8)现场配备交通工具。

(9)易燃易爆地段设置消防器材。

(10)带电设备上悬挂标识,若出现用电安全事故,应迅速切断所有有关电源。

(11)若安全事故影响临近施工单位或人员,应立即通知其撤离现场。

(12)若安全事故影响临近已有建(构)筑物时,应立即通知其内所有人员撤出。

习　题

一、不定项选择

1. 箱形基础适用于软土地基,在非软土地基出于(　　)、(　　)考虑和设置地下室时,也常采用箱形基础。

A. 人防 抗震　　B. 防水 抗裂　　C. 防火 抗震　　D. 人防 防腐

2. 箱形基础的构件包括箱形基础底板、(　　)、中层楼板,箱形基础外墙、(　　)、悬挑墙梁、(　　)等。

A. 顶板　　B. 内墙

C. 箱形基础洞口上、下过梁　　D. 构造柱

3. 在箱形基础施工图里面,XQL 表示的是箱形基础的(　　)。

A. 箱形基础底板　　B. 箱形基础顶板　　C. 悬挑墙梁　　D. 箱形基础中层楼板

4. 集中标注一般是注写在所表达区域 X 向和 Y 向均为第(　　)跨的板上,一般情况下约定图纸从左至右是 X 向,从下至上是 Y 向。

A. 二　　B. 一　　C. 三　　D. 四

5. 箱形基础底板的底部贯通钢筋、顶板和中层楼板的顶部贯通钢筋可在跨中(　　)跨度范围内连接,箱形基础底板的顶部贯通钢筋、顶板和中层楼板的底部贯通筋可在距墙轴线(　　)跨度范围内连接。

A. 1/2　1/3　　B. 1/4　1/3　　C. 1/5　1/6　　D. 1/3　1/4

6. 箱形基础的平面尺寸主要应根据(　　)和(　　)以及荷载大小等因素确定。

A. 土压力　　B. 水平荷载　　C. 地基土承载力　　D. 上部结构布置

7. 箱形基础的高度一般不宜小于箱形基础长度的(　　),且不宜小于 3 m。此处箱形基础长度不计墙外悬挑板部分。

A. 1/20　　B. 1/10　　C. 1/30　　D. 1/15

8. 箱形基础的顶板、底板及墙体均应采用双层双向配筋。墙体的竖向和水平钢筋直径均不应小于(　　),间距均不应大于(　　)。

A. 20 mm　　B. 10 mm　　C. 300 mm　　D. 200 mm

9. 在实际布置井点管时,井点管距离坑壁不应小于(　　),间距一般为(　　)。

A. 1 ~ 1.5 m　0.8 ~ 1.6 m　　B. 1 ~ 1.2 m　0.8 ~ 1.2 m

C. 0.5 ~ 1 m　0.8 ~ 1.6 m　　D. 1 ~ 1.3 m　0.8 ~ 1.4 m

10. 对大型基坑土方,宜用(　　),基坑深在 5 m 内,宜用反铲挖土机在停机面一次开挖。

A. 人工开挖　　B. 爆破　　C. 机械开挖　　D. 混合开挖

11. 箱形基础墙筋的绑扎一般是双排钢筋之间应绑间距支撑或拉筋,以固定钢筋间距。支撑或拉筋可用(　　)钢筋制作,间距 1 m 左右,以保证双排钢筋之间的距离。

A. $\phi 6$　　B. $\phi 8$　　C. $\phi 10$　　D. $\phi 12$

12. 箱形基础质量控制的主要内容是(　　)。

A. 钢筋质量　　B. 主控项目　　C. 混凝土质量　　D. 一般项目

13. 箱形基础组合钢模板的部件,主要由组合钢模板、(　　)、支撑件三大部分组成。

A. 连接件　　B. 扣件　　C. 脚手架钢管　　D. 阳角模

14. 大模板的拆除在常温条件下,墙体混凝土强度必须达(　　),冬期施工外板内模结构、外砖内模结构,墙体混凝土强度达(　　)才准拆模,全现浇结构外墙混凝土强度在(　　),内墙混凝土强度在(　　)才准拆模,拆模时应以同条件养护试块抗压强度为准。

A. 1 MPa　　B. 4 MPa　　C. 7.5 MPa　　D. 5 MPa

15. 箱形基础墙体水平施工缝留在高出底板表面不少于(　　)的墙体上,墙体如有孔洞,

施工缝距孔洞边缘不宜少于300 mm。

A. 300 mm　　B. 200 mm　　C. 400 mm　　D. 500 mm

二、判断题

1. 箱形基础外墙和内墙的平面注写包括集中标注墙体编号、厚度、贯通筋、拉筋等和原位标注附加非贯通筋等两部分内容。当仅设置贯通筋,未设置附加非贯通筋时,则仅做集中标注。（　）

2. OS代表外墙外侧贯通筋,其中H表示垂直贯通筋,V表示水平贯通筋;IS代表外墙内侧非贯通筋。（　）

3. 箱形基础的高度一般为建筑物高度的1/8~1/12,不宜小于箱形基础长度的1/18。（　）

4. 底板厚度为隔墙间距的1/8~1/10,顶板厚度一般为20~40 mm。（　）

5. 基坑、沟槽开挖时降低地下水位的方法很多,一般有设各种排水沟排水和用各种井点系统降低地下水位两类方法,其中以设明(暗)沟、集水井排水为施工中应用最为广泛、简单、经济的方法,各种井点主要应用于大面积深基坑降水。（　）

6. 轻型井点的组成包括管路系统和抽水设备。（　）

7. 根据实际工程的平面形状和挖土深度,轻型井点可环形布置、双排布置、单排布置。（　）

8. 从理论上说,研究土体边坡稳定有两类方法,一是利用弹性、塑性或弹塑性理论确定土体的应力状态,二是假定土体沿着一定的滑动面滑动而进行极限平衡分析。（　）

9. 弃土应及时运出,如需要临时堆土,或留作回填土,堆土坡角至坑边距离应按挖坑深度、边坡坡度和土的类别确定,干燥密实土不小于3 m,松软土不小于5 m。（　）

10. 基坑支撑系统分两类:基坑内支撑和基坑外拉锚。（　）

11. 摆放底板混凝土保护层用砂浆垫块,垫块厚度等于保护层厚度,按每1.5 m左右距离梅花形摆放。（　）

12. 组合钢模中连接件由U形卡、L形插销、钩头螺栓、紧固螺栓、对拉螺栓、扣件等组成。（　）

13. 拆除模板顺序与安装模板顺序相同。（　）

14. 墙上的施工缝应留置在门洞口过梁跨中1/2范围内,也可留在纵横墙的交接处。（　）

15. 混凝土运输供应保持连续均衡,间隔不应超过2 h,夏季或运距较远可适当掺入缓凝剂,一般掺入2‰~3‰木钙为宜。（　）

三、问答题

1. 箱形基础板区划定的一般规定是什么?

2. 箱形基础底板、中层楼板、顶板的集中标注中三项必注内容是什么?

3. 请简述集水坑排水的主要方法。

4. 请简述井点降水的主要方法,每一种方法适用的范围。

5. 请简述轻型井点中各种管道的材质要求。

6. 在深基坑开挖工程中挡墙的主要形式有哪些?
7. 请解释组合钢模中 P6004 的具体含义。
8. 组合钢模板配板设计的具体要求是什么?
9. 请详细阐述外板内模结构安装大模板的工艺流程。
10. 请简述施工缝的基本概念、施工缝留置的原则以及施工缝的处理措施。

学习情境 5　桩基础的施工

【学习目标】

知识目标	能力目标	权重
掌握桩基础施工图的阅读方法、内容和要求	能正确识读桩基础施工图,会编制读图纪要	0.10
掌握桩基础施工时的构造要求	能熟练地将桩基础的基本构造要求运用到识图过程中,会编制图纸会审纪要	0.05
熟悉桩基础施工人机料计划提出的基本方法	掌握根据施工现场情况提出人机料计划的理论方法	0.05
掌握桩基础施工的抄平放线的基本方法	能根据施工图纸在平整的场地上放出桩的中心点和各个桩的相对位置	0.05
掌握预制桩的施工工艺及相关施工规范的要求	能指导现场作业人员进行预制桩的预制、吊运和现场安装	0.15
掌握人工挖孔桩的施工工艺及相关施工规范要求	能指导现场作业人员进行人工挖孔桩的施工	0.15
掌握机械成孔桩的施工工艺及相关施工规范要求	能指导现场作业人员进行机械成孔桩的施工	0.15
掌握机械沉管灌注桩的施工工艺及相关施工规范要求	能指导现场作业人员进行沉管灌注桩的施工	0.15
能正确表述桩基础施工质量的检查方法及质量控制过程、质量安全事故等级划分及处理程序、桩基础施工的安全技术措施、桩基础施工常见的质量事故及其原因	能在桩基础施工过程中正确进行安全控制、质量控制,分析并处理常见质量问题和安全事故;会使用各种检测仪器和工具	0.15
合计		1.0

【教学准备】

准备各工种(测量工、架子工、钢筋工、混凝土工等)的视频资料(各院校可自行拍摄或向相关出版机构购买)、实训基地、水准仪、全站仪、钢管、模板、钢筋等实训场地、机具及材料。

【教学方法建议】

集中讲授、小组讨论方案、制订方案、观看视频、读图正误对比、下料长度计算、基地实训、现场观摩、拓展训练。

【建议学时】

10(5)学时

1. 概述

桩基础由基桩和连接于桩顶的承台共同组成。若桩身全部埋于土中,承台底面与土体接触,则称为低承台桩基;若桩身上部露出地面而承台底位于地面以上,则称为高承台桩基。建筑桩基通常为低承台桩基础。高层建筑中,桩基础应用广泛。

2. 桩基础的特点

(1)桩支撑于坚硬的(基岩、密实的卵砾石层)或较硬的(硬塑黏性土、中密砂等)持力层,具有很高的竖向单桩承载力或群桩承载力,足以承担高层建筑的全部竖向荷载(包括偏心荷载)。

(2)桩基具有很大的竖向单桩刚度(端承桩)或群刚度(摩擦桩),在自重或相邻荷载影响下,不产生过大的不均匀沉降,并确保建筑物的倾斜不超过允许范围。

(3)凭借巨大的单桩侧向刚度(大直径桩)或群桩基础的侧向刚度及其整体抗倾覆能力,抵御由于风和地震引起的水平荷载与力矩荷载,保证高层建筑的抗倾覆稳定性。

(4)桩身穿过可液化土层而支撑于稳定的坚实土层或嵌固于基岩,在地震造成浅部土层液化与震陷的情况下,桩基凭靠深部稳固土层仍具有足够的抗压与抗拔承载力,从而确保高层建筑的稳定,且不产生过大的沉陷与倾斜。常用的桩型主要有预制钢筋混凝土桩、预应力钢筋混凝土桩、钻(冲)孔灌注桩、人工挖孔灌注桩、钢管桩等,其适用条件和要求在《建筑桩基技术规范》(JGJ 94—2008)中均有规定。

3. 桩基础的分类

(1)按照基础的受力原理大致可分为摩擦桩和端承桩(图5.1)。

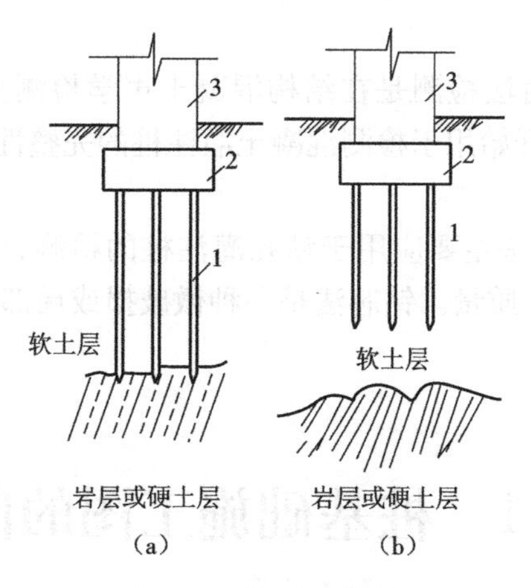

图5.1　桩基础类型

(a)端承桩　(b)摩擦桩

端承桩:系使基桩坐落于承载层上(岩盘上),并可以承载构造物。

摩擦桩:系利用地层与基桩的摩擦力来承载构造物并可分为压力桩及拉力桩,大致用于地层无坚硬之承载层或承载层较深。

(2)按照施工方式可分为预制桩和灌注桩。

预制桩:通过打桩机将预制的钢筋混凝土桩打入地下。其优点是材料省,强度高,适用于较高要求的建筑,缺点是施工难度高,受机械数量限制施工时间长。

灌注桩:首先在施工场地上钻孔,当达到所需深度后将钢筋放入并浇灌混凝土。其优点是施工难度低,尤其是人工挖孔桩,可以不受机械数量的限制,所有桩基同时进行施工,大大节省时间,缺点是承载力低、费材料。

4. 桩基础的检测

1)静荷载试验

桩基静载测试技术是随着桩基础在建筑设计中的使用越来越广泛而发展起来的。新中国成立以后,桩基静载测试技术就逐步发展起来。传统静荷载试验采用手动加压、人工操作、人工记录的方式进行。到了20世纪80年代以后,随着改革开放的脚步,基本建设规模的逐年加大,特别是灌注桩在工程上的广泛应用,我国的桩基静载测试技术也进入了一个全新的发展时期。

2)低应变检测

20世纪80年代,以波动方程为基础的低应变法进入了快速发展期,各种低应变法在基础理论、机理、仪器研发、现场测试和信号处理技术、工程桩和模型桩验证研究、实践经验积累等方面,取得了许多有价值的成果。

3)高应变检测

我国的高应变动力试桩法研究是起于20世纪80年代中后期,到90年代初期已有相关的软硬件,实际应用效果已不弱于国外,在灌注桩检测桩基动测方面,国产仪器和软件业已达到国际先进水平,有的方面显示出中国特色。

4)声波透射法

混凝土灌注桩的声波透射法检测是在结构混凝土声学检测技术基础上发展起来的。到20世纪70年代,声波透射法开始用于检测混凝土灌注桩的完整性。

5)钻孔取芯法

20世纪80年代钻孔取芯法主要应用于钻孔灌注桩的检测,同时在技术条件成熟的地区也用在检测地下连续墙的施工质量。钻芯法是一种微破损或局部破损的检测方法,具有科学、直观、实用等特点。

任务1　桩基础施工图的阅读

桩基础的施工图包括桩的定位平面布置图、承台平面布置图以及钢筋笼配筋图和构造详图,其中绝大部分的识读方法读者已经比较熟悉了,这里仅就承台施工图的阅读进行讲解。

1.1　桩基承台的制图规则

(1)桩基承台平法施工图有平面注写方式和截面注写方式,在实际工程中,通常是把两种方式结合起来运用。

(2)在桩基平面布置图中,除了展现承台下的桩位以外,还表达了承台所支撑的柱、墙。

(3)当设有基础连系梁时,可将基础连系梁和基础平面布置图一起绘制,也可以单独绘制。

(4)当桩基承台的柱中心线或墙中心线与建筑定位轴线不重合时,应标注其定位尺寸。

1.2　桩基承台编号

桩基承台分为独立承台和和承台梁,分别按表 5.1 和表 5.2 规定编号。

表 5.1　独立承台编号

类型	独立承台截面形状	代号	序号	说　明
独立承台	阶形	CT_J	××	单阶截面即为平板式独立承台
	坡形	CT_P	××	

注:杯口独立承台代号可为 BCT_J 和 BCT_P,设计注写方式可参照杯口独立基础。施工详图应由设计者提供。

表 5.2　承台梁编号

类型	代号	序号	跨数及有无外伸
承台梁	CTL	××	(××)端部无外伸 (××A)一端有外伸 (××B)两端有外伸

1.3　独立承台的集中标注

独立承台的平面注写方式包括集中标注和原位标注。独立承台的集中标注是指在承台平面图上集中引注:独立承台编号、截面竖向尺寸和配筋三项必须注写的内容以及承台底面标高和必要的文字注解。

(1)注写独立承台编号按照表 5.1 的要求。

(2)注写独立承台竖向截面尺寸,如图 5.1 所示。

(3)注写独立承台配筋:底部与顶部双向配筋应分别注写,顶部配筋仅用于双柱或者四柱的独立承台。当独立承台顶部无配筋时，则不注写顶部。通常情况下以 B 打头注写底部钢筋，以 T 打头注写顶部钢筋；X 向的配筋以 X 打头，Y 向的配筋以 Y 打头。当为等边三桩承台时，以“△”打头，注写三角布置的各边受力钢筋（注明根数并在配筋值后注写 ×3），在“/”后注写分布钢筋。例如：△ ××⌀××@ ××××3/φ××@ ×××。两桩承台可按承台梁进行标注。

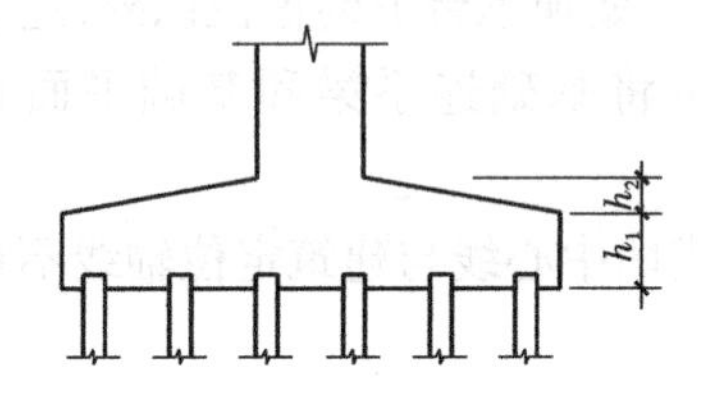

图 5.1　独立承台竖向尺寸标注

(4)注写基础底面标高：当独立承台的底面标高与桩基承台基准标高不同时，应在桩基承台基准标高后面加括号，并将独立承台的底面标高注写在括号内。

1.4　独立承台的原位标注

独立承台原位标注是指在桩基承台平面布置图上标注独立承台的平面尺寸，相同编号的独立承台，可选择一个进行标注，其他仅注编号。

1. 矩形独立承台原位标注

矩形独立承台原位标注如图 5.2 所示。图中原位标注了 x、y，x_c、y_c（或者圆柱直径 d_c），x_i、y_i，a_i、b_i，$i=1,2,3,\cdots$。其中：x、y 为独立承台两向边长，x_c、y_c 为柱截面尺寸，x_i、y_i 为阶宽和坡形平面尺寸，a_i、b_i 为桩的中心距和边距。

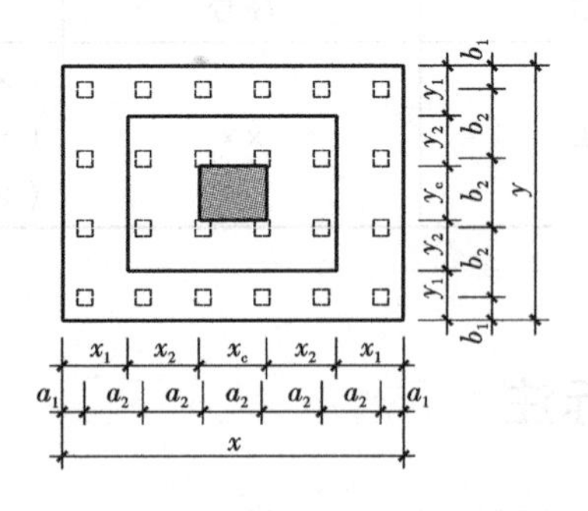

图 5.2　独立承台原位注写示意

2. 三桩承台原位标注

三桩承台原位标注如图 5.3 所示。结合 X、Y 双向定位，原位标注 x、y，x_c、y_c（或者圆柱直径 d_c），x_i、y_i，$i=1,2,3,\cdots$。其中 x、y 为三桩独立承台平面垂直于底边的高度，x_c、y_c 为柱截面尺寸，x_i、y_i 为承台分尺寸和定位尺寸，a 为桩的中心距切角边缘的距离。

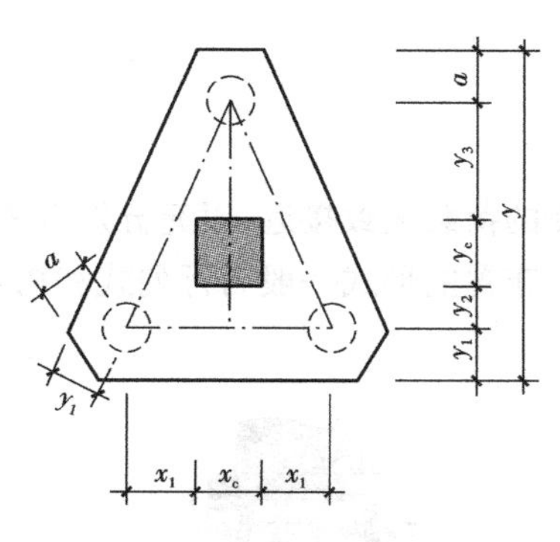

图5.3　三桩承台原位标注示意

任务2　桩基础的构造会审

2.1　基桩的构造要求

2.1.1　现场灌注钢筋混凝土桩的构造

(1)材料:钻(挖)孔桩是就地灌注的钢筋混凝土桩,桩身常为实心截面,桩身混凝土标号可采用C15~C25,水下混凝土不应低于C20。

(2)桩体规格:桩体直径为0.8 m~3.0 m,而且目前在向大直径方向发展。目前常用的钻孔直径为0.8 m,1.0 m,1.25 m,1.5 m等等,挖孔桩的直径或边宽不小于1.25 m。

(3)钢筋:桩内钢筋应按照内力和抗裂性的要求布设,并可根据桩身弯矩分布分段配筋,并保证钢筋骨架有一定的刚度。钢筋的配置一般按照设计要求,其中主筋直径不小于16 mm,主筋净间距不小于120 mm,混凝土保护层厚度不小于60 mm;箍筋直径一般选取8 mm的,箍筋间距一般是200 mm,需要加密的区域视桩的实际受力情况而定,一般加密区的箍筋间距是100 mm。而且顺钢筋笼方向每隔2~2.5 m加一道直径16~22 mm的骨架钢筋,以增强钢筋笼的整体刚度。

2.1.2　预制桩的构造要求

(1)材料:预制钢筋混凝土桩或预应力混凝土桩多为工厂用离心旋转法制造的空心管桩,混凝土标号一般要求在C30以上。

(2)桩体直径:桩的直径一般为400 mm和550 mm两种。

(3)钢筋:桩内钢筋由纵向钢筋和箍筋组成。工地预制钢筋混凝土桩多为实心截面,桩身配筋应按照制造、运输、施工和使用各阶段的内力要求配筋,桩顶处因承受直接锤击的力应设钢筋网加固。

2.1.3 桩的布置和间距

基桩布置应尽量使各桩承受的荷载大致接近，以充分发挥桩材的作用，且使桩群在受力较大方向上有较大的截面抵抗矩。布置的形式一般为行列式和梅花式。桩间的距离(图5.4)可参照以下要求。

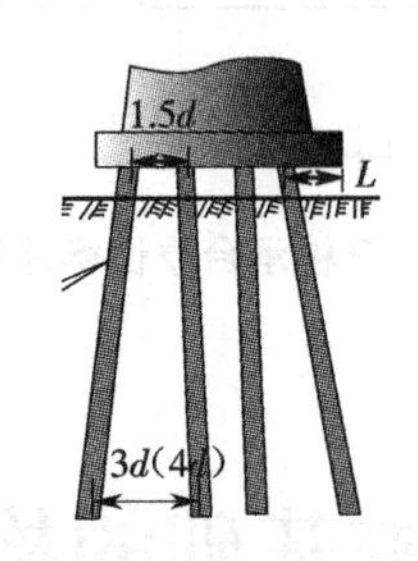

图5.4 桩间距离示意

L—桩尖中心距；*d*—桩的直径

1. 打入或振动下沉的摩擦桩和端承桩

(1)底面处桩的中心距不小于1.5倍桩径。

(2)打入桩桩尖中心距不大于3倍桩径。

(3)振动桩桩尖中心距不大于4倍桩径。

2. 钻孔灌注桩

(1)摩擦桩中心距不大于2.5倍成孔桩径。

(2)端承桩不大于2倍成孔桩径。

2. 承台边缘至最外一排桩的净距的规定

为了防止由于桩位不正而影响承台位置以及保证承台与外排桩的联结可靠，规定各类桩的承台外边缘至最外一排桩的净距：

(1)当桩径小于等于1 m时，净距不小于1/2的桩径且不小于250 mm；

(2)当桩径大于1 m时，净距不小于3/10的桩径且不小于500 mm。

2.2 承台的构造要求

2.2.1 承台的构造

承台的作用是将桩连成整体，并与建筑物底部结构相连，因此承台的尺寸和形状，取决于建筑物底部结构的尺寸和形状。

几何尺寸：承台的最大截面尺寸，如果为素混凝土则不得超过混凝土基础刚性角45°的要求，而当为钢筋混凝土承台时，则不受刚性角的制约，但得由力学验算而定。承台的厚度一般

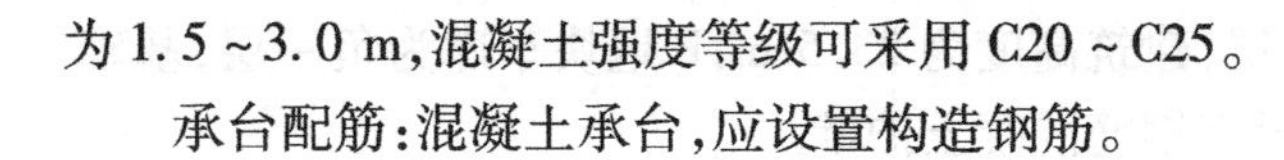

为1.5～3.0 m,混凝土强度等级可采用C20～C25。

承台配筋:混凝土承台,应设置构造钢筋。

2.2.2　桩与承台的联结

(1)桩顶主筋深入承台一般有竖直式和喇叭式两类。

(2)桩顶直接伸入承台,如图5.5所示。

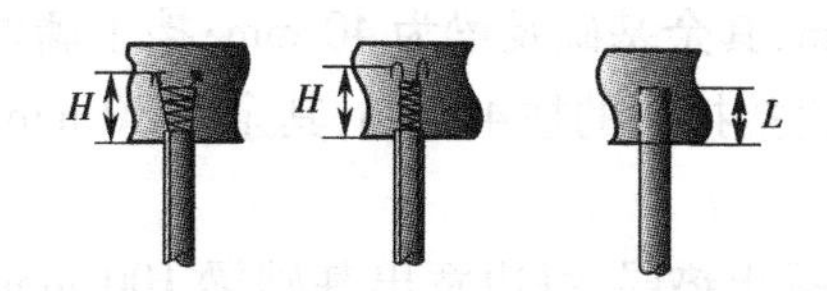

图5.5　桩顶伸入承台示意图

L—桩体伸入承台长度;*H*—钢筋伸入承台长度

①当桩径小于0.6 m时,伸入长度不小于2倍桩径。

②当桩径在0.6～1.2 m时,伸入长度是1.2 m。

③当桩径大于1.2 m时,伸入长度不小于2倍桩径。

任务3　桩基础人机料计划的编制

在前面的课程中,已经知道了基础工程人机料计划的制订有两种方法,一种是经验法,另一种是定额计算法,下面以一个具体工程为例,向大家介绍在实际工程中是如何制订桩基础的人机料计划的。

3.1　工程概况

本工程地处西南地区某市区,大小车辆可以由公路直达现场,交通方便,场区水电齐备。拟建场区主要为土地,场地地形总体是西侧高东侧低,有地下水位 。该地区具有温暖湿润、雨量充沛、夜雨多等气候特征。空气湿度高,云雾多,日照偏少,多年来最高气温42 ℃左右,最低气温0 ℃左右,主导风向以北风为主,平均风速1.1 m/s,最大风速28.4 m/s,全年可施工。根据地勘结论,拟建场地无不良地质作用和地质灾害,场地岩石地基稳定,适合修建拟建建筑物。

3.2　基础设计概况

该工程属于该市某区经济园区F地块一期一标段1#、2#、3#、4#楼及F地块车库,总面积为62 780.25 m^2,1#楼地上33层,地下1层,基础由人工挖孔桩和基础梁构成;2#楼地上32层,地下1层,基础由条形基础构成;3#楼地上6+1/－1层,建筑高度为23.1 m,基础由人工挖孔桩和基础梁构成;4#楼地上 6 +1/ -1 层,建筑高度为 23.5 m;F 地块车库为负一层,基础由人工挖孔桩和基础梁构成,人工挖孔桩设有钢筋混凝土护壁。

设计根据中煤科工集团某市设计研究院编制的《某市协信总部经济园区项目》设计;基础持力层为微风化泥岩,天然单轴抗压强度标准值 5.71 MPa,基础承载力特征值f_a = 1.88 MPa。

混凝土强度等级:桩护壁为 C20,桩身为 C30。

钢筋:Ⅰ级钢——HPB300,Ⅱ级钢——HRB335,Ⅲ级钢——HRB400。

保护层厚度:桩身为 50 mm,其余基础及梁为 40 mm;挡土墙外层筋净保护层厚度,迎土侧 25 mm,另一侧 15 mm;与水土直接接触的柱 40 mm,其余柱 30 mm;部分埋地的墙柱,埋地部分抹 20 mm 厚 1∶2水泥砂浆。

地梁设 100 mm 厚 C20 混凝土垫层,每边宽出基础梁 100 mm(凡进入中风化岩层的梁垫层不需伸出梁边缘 100 mm)。基础梁上部筋中间支座贯通,边支座钢筋伸至桩对边并弯锚 15d;下部纵筋锚入桩内 L_{ae}。相邻跨地梁钢筋能通则通。

基底下基础持力层深度范围内应无软弱层、断裂破碎带和洞穴。基础持力层深度:条形基础 3b(b 为基础底面宽度),独立基础为 1.5b,桩基础为 3D(D 为桩扩大头尺寸),且均不小于 5 m。

本工程基础为人工挖孔灌注桩,本次开挖的部分桩与车库桩相连接,桩径为 900 ~1 200 mm,有圆形桩和椭圆形桩两种。

3.3 基础施工特点

鉴于该工程的客观环境条件和场地狭窄等特点,对施工中的重点和难点,将采取针对性强、切实可行的措施,逐项妥善解决。

3.3.1 注重环境保护及文明施工

由于该工程地处主城区,位于某市闹市区。为使工程施工环境严密,加大施工过程中的安全系数,保证施工安全和减少粉尘污染,本工程采取全封闭措施,使行人隔离于施工区域外,彻底杜绝施工扰民及施工伤害事故。在安排施工方法和进行施工时,尽可能合理分布机械,避免机械过于集中,减少噪声对周边环境的影响;控制夜班作业时间,充分保证工程周边居民有足够的休息时间和正常学习与工作。同时加强作业人员的文明施工教育,将工程施工对周边环境的影响降至最低程度。

3.3.2 施工场地狭窄,临设及材料堆场布置难度大

本工程场地小,施工材料多,钢筋笼堆放所需场地较大,可供利用的空间有限。因此,施工期间应对入场材料加强计划性和预见性管理,按流水节拍和工序穿插做好材料的计划控制,钢筋笼应分批加工,并合理布置在塔吊覆盖范围内,确保工程建设的顺利进行。

3.3.3　工期紧张、工程任务较艰巨

本工程基础为人工挖孔桩和基础梁，工期相当紧张，且任务艰巨，必须做好各种资源的准备及投入工作。

3.3.4　工程质量要求高

要保证本工程基础结构一次性顺利通过验收，其重点应控制基础承载力、钢筋制安质量、桩芯混凝土质量、基础轴线标高控制，按照分部分项工程质量控制程序，严格施工操作、验收与交接，以全方位的质量控制和管理使工程一次性顺利交验。

3.4　劳动力和机具等需用量计划

3.4.1　机具设备用量计划

根据本基础工程结构特点、总工期要求以及施工特点，根据以往相类似工程的施工经验，该工程的各种机械设备计划见表5.3。

表5.3　主要机械设备计划

序号	设备名称	型号规格	数量	国别产地	制造年份	额定功率/kW	生产能力	用于施工部位	备注
1	塔式起重机	QTZ4210	1	武汉	2004－03	28.8	良好	基础主体垂直运输	
2	塔式起重机	QTZ63	2	南京	2005－04	35	良好	基础主体	
3	砂浆拌和机	S200	4	南京	2007－05	7.5	良好	基础主体	
4	交流电焊机	32 kVA	4	上海	2008－05	24	良好	基础主体	
5	电渣压力焊具	BTI－300	8	北京	2004－02	42.5	良好	基础主体	
6	钢筋切割机	450CQ40B	2	武汉	2007－09	5.5	良好	基础主体	
7	钢筋弯曲机	GW40	2	武汉	2004－01	3	良好	基础主体	
8	钢筋调直机	GTJ4－14	2	南京	2006－07	5.5	良好	基础主体	
9	插入式振动机	ZN110－50	6	上海	2002－06	2.2	良好	基础主体	
10	立式打夯机	HCR90	2	上海	2002－02	2.2	良好	基础主体	
11	潜水泵	Φ50 m以上	4	天津	2006－03	2	良好	基础	
12	空压机	YHP700	12	重庆	2006－07	18.5	良好	基础	
13	自卸汽车	斯太尔	2	重庆	2008－09	103	良好	基础主体	

3.4.2 劳动力计划

本基础工程量大,工期紧,场地窄小,为此,该项目可充分按工程进度的需要,组织劳动力分期分批进场施工,基础施工阶段拟投入人员见表5.4。

表5.4 劳动力需用量计划

序号	工种	单位	数量	备注
1	石工	人	120	桩、地梁开挖
2	普工	人	60	桩、地梁土石方运输及其他
3	模板工	人	30	护壁模板、地梁安装
4	混凝土工	人	30	分两组进行工作,一个工作组15人
5	钢筋工	人	80	其中钢筋制作30人,钢筋安装50人
6	砖工	人	30	砌筑井圈
7	机操工	人	8	主要施工机械操作
8	塔机指挥工	人	8	指挥塔机运行
9	电工	人	6	临时用电安装维护
10	管工	人	6	临时用水安装维护
11	电焊工	人	7	钢筋焊接
12	后勤	人	5	食堂、卫生、保卫
13	试验工	人	2	试件制作、取样、送样等

3.4.3 施工仪器及检测设备计划

根据实际工程需要,该项目将在工程中投入以下施工仪器及检测设备(表5.5)。

表5.5 施工仪器及检测设备计划

序号	仪器设备名称	型号规格	数量	国别产地	制造年份	已使用台时数	用途	备注
1	经纬仪	FDTL2	2台	南京	2008-02	60	定位放线	
2	水平仪	DS3	4台	北京	2006-04	180	标高测量	
3	钢卷尺	50 m	6把	重庆	2009-05	120	测距	
4	混凝土回弹仪	HT-225	2台	天津	2005-02	20	混凝土强度检测	
5	架盘天平	200 g/0.2 g	2台	上海	2008-06	40	工程试验	
6	电子测温仪	JDC-2	1台	武汉	2007-05	30	混凝土测温	

续表

序号	仪器设备名称	型号规格	数量	国别产地	制造年份	已使用台时数	用途	备注
7	混凝土试模	150 mm × 150 mm × 150 mm	40组	湖北	2004－08	360	混凝土试块	
8	砂浆试模	70.7 mm × 70.7 mm × 70.7 mm	20组	河北	2009－01	280	砂浆试块	
9	电脑	联想	6台	重庆	2009－06	1500	工程资料	
10	打印机	佳能	1台	日本	2008－09	100	工程资料	
11	复印机	佳能	1台	日本	2008－02	480	工程资料	
12	数码照相机	索尼	1台	日本	2009－04	300	工程资料	

任务4　桩基础的抄平放线

桩基础的抄平放线工作应该在熟读建筑施工图和结构施工图的基础上进行。首先要找到场外观测站的永久高层控制点，由场外永久高层控制点引入场内并形成场内永久控制水准点，根据场内永久控制水准点，在场内放出建施总平面图上所画出的某单体工程的控制点，然后按照以下步骤完成桩基础的抄平放线工作。

（1）桩基础的建（构）筑物，根据桩平面布置图，按建（构）筑物的轴线定位定出相应轴线的桩位中心标志，经校核无误后，插上桩定位标志。

（2）基础与桩基础：根据基础平面图和大样图，按建（构）筑物的轴线定位，连接相应的轴线，计算开挖放坡坡度，定出开挖边线位置。

（3）用水准仪把相应的标高引测到水平桩或轴线桩上，并画标高标记。

（4）基坑开挖完成后，基坑坑底开挖宽度应通线校核，坑底深度应经水平标高校核无误后，并把轴线和标高引移到基坑，在基坑中设置轴线、基础边线及高程标记，有垫层的应在垫层面上放出墙或基础平面尺寸。

（5）基础模板完成后，应按设计图纸要求校核模板安装的几何尺寸，在模板周边放出基础面的标高线，有地梁、预留孔洞、管道、预埋件等的应按照施工图纸在相应的位置上放出有关的标志。

任务5　预制桩的施工

预制桩是指在地面上将桩预制好，然后在桩位上用各种方法将桩沉入土中。预制桩的施工速度快，预制质量有保证，施工有噪声、扬尘等污染，承载能力偏小。

预制桩的施工工艺：制作→起吊→运输→堆放→沉桩→接桩、截桩等。

1. 制作

钢桩多在工厂制作。混凝土桩可在预制厂，也可在现场制作。在预制厂制作时，每节桩长不超过12 m，现场制作的可达30 m。多为叠浇生产，重叠不宜超过4层，层与层之间刷隔离剂，上层桩混凝土的浇筑，必须在下层桩混凝土达到设计强度等级的30%后进行。

2. 起吊

混凝土强度达到设计强度的70%后方可起吊。吊点按照起吊后桩的正、负弯矩基本相等的原则进行设置（图5.6）。

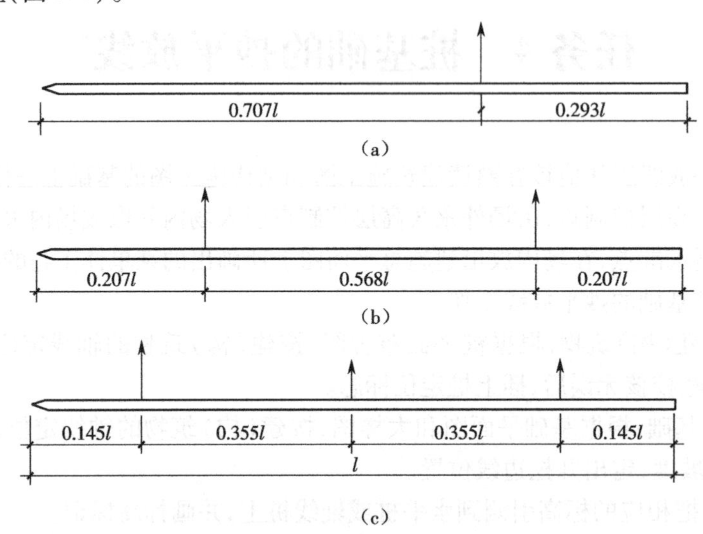

图5.6　预制桩吊点选取示意

(a)一点起吊　(b)二点起吊　(c)三点起吊

3. 运输堆放

(1)混凝土强度达到100%后可以运输和打桩。

(2)混凝土桩堆放层数不宜超过4层(图5.7)。

4. 沉桩

沉桩的方法有如下几种。

1)锤击法

锤击法是利用桩锤靠冲击能将桩打入土中。

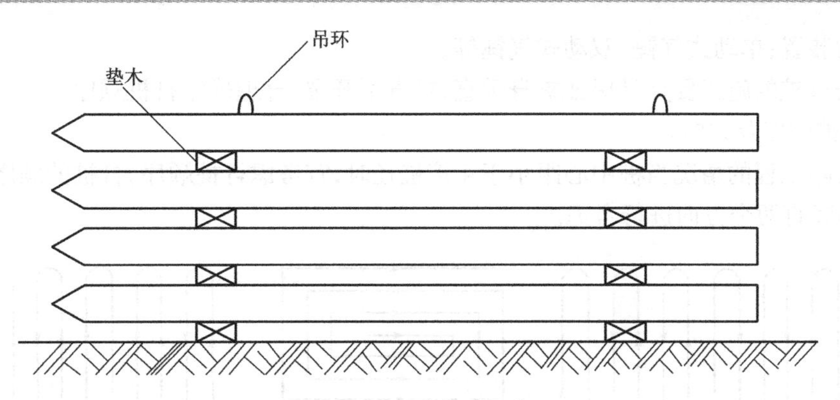

图 5.7　预制桩堆放示意图

(1)常用设备如下。

①桩锤:落锤、蒸汽锤(单动、双动)、柴油锤等。桩锤质量选择:锤重宜≥桩重,1.5 ~2 倍时效果良好。

②桩架(图 5.8):悬吊桩锤,为桩锤导向,同时可以起吊桩体并小范围移动桩体。

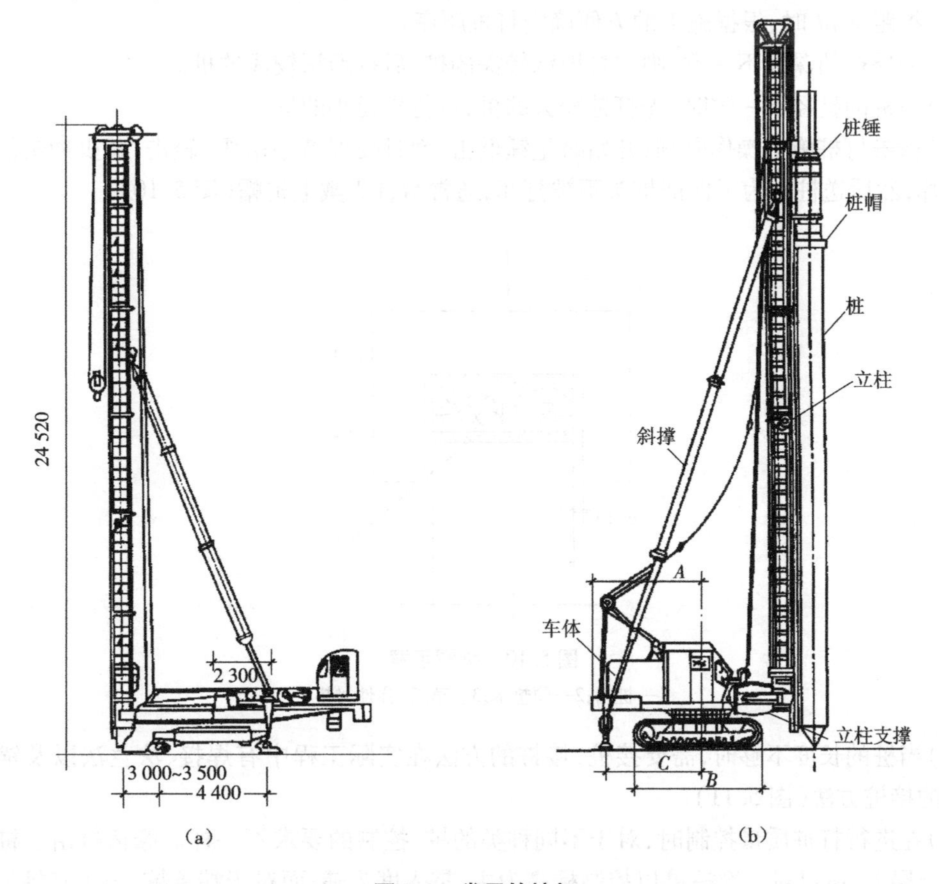

图 5.8　常用的桩架

(a)多功能桩架　(b)履带式打桩架

③动力装置:单动式气锤、双动式气锤等。

④锤击沉桩的施工要点是保证桩身垂直,桩身不开裂,合理确定打桩顺序。

(2)打桩顺序及方向。

根据实际工程的情况当桩中心距小于4倍桩径时,宜考虑打桩顺序,打桩的顺序应从水平(图5.9)和竖直两个方向进行考虑。

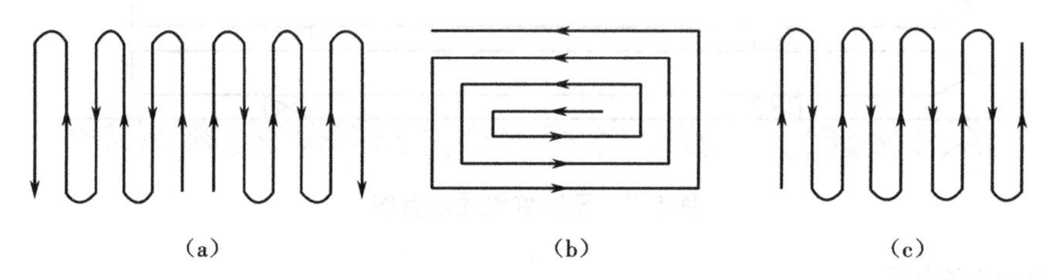

图5.9 桩在平面上的打桩顺序

(a)由中间到两边 (b)从中心向四周 (c)对称顺序打桩

(1)桩距≤4d时,桩较密集,可采取由中间向两侧对称施打,或由中间向四周施打。

(2)桩距>4d时,根据施工的方便确定打桩顺序。

(3)如果桩的深浅不一致,则先打埋深较深的桩,后打埋深较浅的桩。

(4)当桩的桩径不一致时,先打桩径大的桩,再打桩径小的桩。

(3)锤击打桩施工操作要领:开始时重锤低击,而且要保持小落距、轻击,减少冲击能对桩顶的损坏,然后送桩。为了保证桩头不被打坏,通常给桩头戴上桩帽(图5.10)。

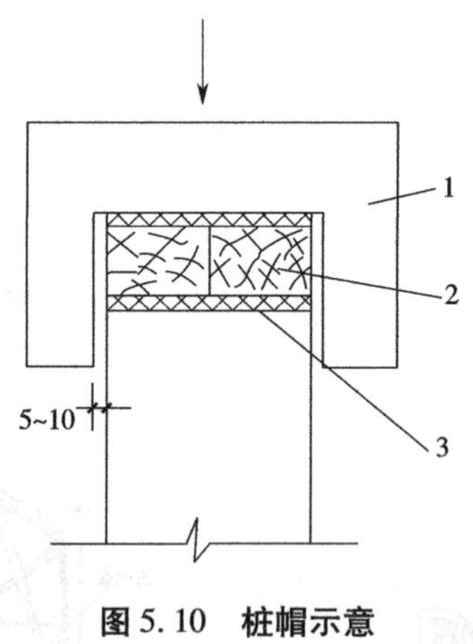

图5.10 桩帽示意

1—桩帽;2—硬垫木;3—草纸(弹性衬垫)

(4)当桩的长度不够时,需要接桩,接桩的方法在实际工程中有焊接、法兰法以及锚接三种常用的接桩方法(图5.11)。

(5)在进行打桩质量控制时,对于不同种类的桩,控制的要求不一样。摩擦桩由于桩尖位于软弱土层上,所以对于摩擦桩以控制标高为主、贯入度为辅;而对于端承桩,由于其桩尖位于坚硬土层上,所以端承桩以控制贯入度为主、标高为辅。

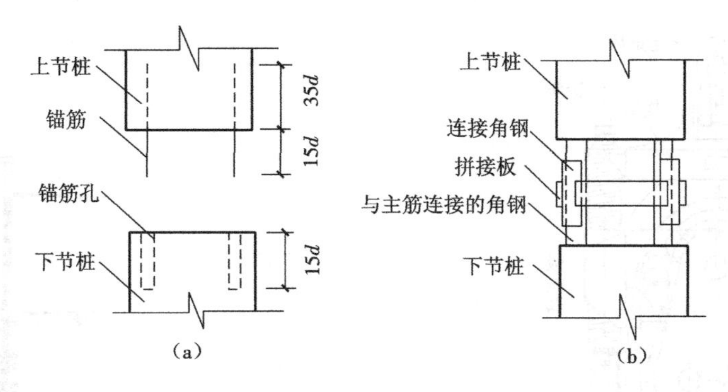

图5.11　接桩示意

(a)桩拼接的浆锚接头　(b)桩拼接的焊接接头

2)静压法

静压法是利用静压力(图5.12)将桩压入土中。静压法噪声、振动污染小,适用于软弱土层或振动、噪声要求严的情况。

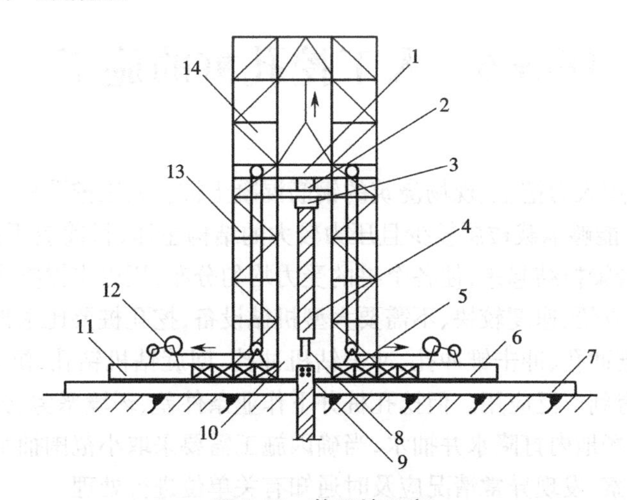

图5.12　静压桩示意

1—活动压梁;2—油压表;3—桩帽;4—上段桩;5—加重物;6—底盘;7—轨道;
8—上段接桩锚筋;9—下段接桩锚筋孔;10—导笼口;11—操作平台;12—卷扬机;
13—加压钢丝绳滑轮组;14—桩架导向笼

3)振动法

振动法是利用振动桩锤(图5.13)沉桩。利用振动桩锤的高频振动,使桩身周围的土体液化而减小沉桩阻力,靠桩的自重和桩锤重量将桩沉入土中。振动法适用于软土、粉土、松砂等土层,不宜用于密实的粉性土、砾石等土层。

4)水冲法

水冲法是利用高压水冲击桩尖附近土层,锤击或振动沉桩。水冲法适用于砂土、碎石土。(图5.14)

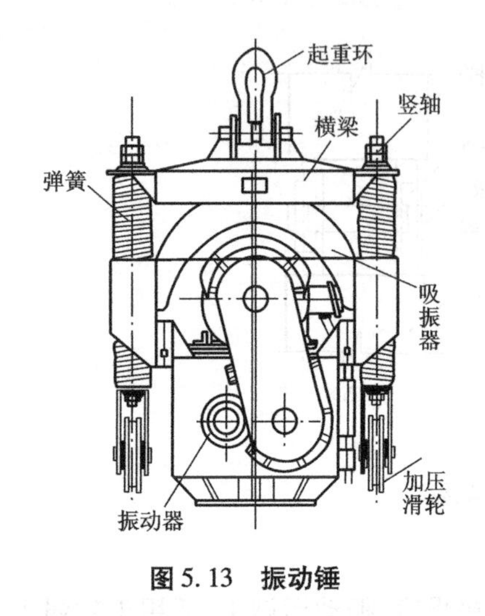

图 5.13　振动锤

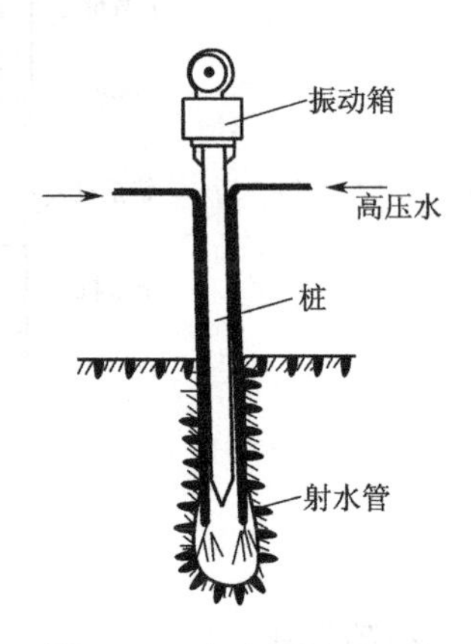

图 5.14　水冲法原理示意

任务 6　人工挖孔桩的施工

人工挖孔桩是指用人力挖土、现场浇筑的钢筋混凝土桩。人工挖孔桩一般直径较粗，最细的也在 800 mm 以上，能够承载楼层较少且压力较大的结构主体，目前应用比较普遍。桩的上面设置承台，再用承台梁拉结起来，使各个桩的受力均匀分布，用以支撑整个建筑物。

人工挖孔桩施工方便、速度较快、不需要大型机械设备，挖孔桩要比木桩、混凝土打入桩抗震能力强，造价比冲锥冲孔、冲击锥冲孔、冲击钻机冲孔、回旋钻机钻孔、沉井基础节省。从而在公路、民用建筑中得到广泛应用。但挖孔桩井下作业条件差、环境恶劣、劳动强度大，安全和质量显得尤为重要。场地内打降水井抽水，当确因施工需要采取小范围抽水时，应注意对周围地层及建筑物进行观察，发现异常情况应及时通知有关单位进行处理。

6.1　桩基施工时的安全措施

桩基施工时应按现行有关规范规程并结合该工程的实际情况采取有效的安全措施，确保桩基施工安全有序进行，深度大于 10 m 的桩孔应有送风装置，每次开工前 5 min 送风。桩孔挖掘前要认真研究地质资料，分析地质情况对可能出现的流砂、流泥及有害气体等情况，应制定针对性的安全措施。

6.2　桩基施工时的防护措施

桩基在施工时，首先得在挖孔时做钢筋混凝土护壁或者砖砌护壁（图 5.15、图 5.16）。

图5.15 人工挖孔桩桩孔

图5.16 人工挖孔桩的护壁

桩护壁一般采用C25混凝土，钢筋采用HPB300。

第一节深约1 m，浇注混凝土护筒，往下施工时以每节作为一个施工循环(即挖好每节后浇注混凝土护壁)。

为了便于井内组织排水，在透水层区段的护壁预留泄水孔(孔径与水管外径相同)，以利于接管排水，并在浇筑混凝土前予以堵塞。为保证桩的垂直度，要求每浇筑完三节护壁须校核桩中心位置及垂直度一次。

除在地表墩台位置四周挖截水沟外，还应对孔内排出孔外的水妥善引流使其远离桩孔。在灌注桩基混凝土时，如数桩孔均只有少量渗水应采取措施同时灌注，以免将水集中于一孔增加困难。如多孔渗水量均大，影响灌注质量，则应于一孔集中抽水，降低其他各孔水位，此孔最后用水下混凝土灌注施工。

挖孔时如果遇到涌水量较大的潜水层层压水，可采用水泥砂浆压灌卵石环圈将潜水层进行封闭处理；挖孔达到设计标高后，应进行孔底处理，必须做到平整，无松渣、无污泥及无沉淀等。

6.3 桩基施工时的加强措施

(1)顶层护壁用直径20 cm圆钢加设2～4个吊耳，用钢丝绳固定在地面木桩上。

(2)加密护壁竖向钢筋，并让钢筋伸出20 cm以上，与下一节护壁的竖向钢筋及箍筋连成整体，然后再浇筑成型。如果有必要，可在挖孔桩中部护壁上预留直径200 mm左右的孔洞，但该部位要选择比较坚硬的土壤，然后再将护壁与护壁外周的土锚在一起，用混凝土土桩、竹木桩都可以。这样护壁就不会断裂脱落。

(3)在已成型的护壁上钻孔至砂土薄弱层，以充填、渗透和挤密的形式把灌浆材料充填到土体的孔隙中，以固结护壁外围土体，保护壁周泥砂不塌落，从而增加桩周摩擦力。压力灌浆材料可选择粉煤灰、早强型水泥混凝土、石灰黏土混合料等。

(4)封底混凝土。浇筑混凝土前应检查孔底地质和孔径是否达到设计要求，并把孔底清理干净，同时把积水尽可能排干。为了减少地下水的积聚，任何一根挖孔桩封底时都要把邻近孔位的积水同时抽出,以减少邻孔的积水对工作孔的影响。

孔深超过 6 m 时,还要注意防止混凝土离析,一般把搅拌好的混凝土装在容量为 1 ~ 2 m^3 左右坚固的帆布袋里,并用绳子打成活扣,混凝土送到井底时,拉开活扣就可将混凝土送到孔底,连续作业能迅速封好孔底,同时堵住孔底大部分甚至全部的地下水。

如果地下水很多,而且挖孔桩较深,刚提起抽水泵,底部溢水就接近或超过 20 cm,这时用以上几种办法封底都会造成混凝土含水量太大。正确操作是:清理完孔底渣土后让水继续上升,等到孔中溢水基本上平静时,用导管伸入孔底,往导管里输送搅拌好的早强型混凝土,混凝土量超过底节护壁 30 cm 以上,再慢慢撤除导管,由于水压力的作用,封底混凝土基本上密实,混凝土终凝后再抽水,由于封底混凝土已超过底节护壁,已经没有地下涌水,待水抽干,再对剩余的水进行处理。将表面混凝土(这部分混凝土中的水泥浆会逸散到水中)松散部分清除并运到孔外,再继续下一道工序。

(5)施工时,为了保证孔位位置准确,每天都要在挖孔前校核一次挖孔桩位置是否歪斜,移位。尤其在浇筑护壁前要检查模板,脱模后再检查护壁。个别壁周泥砂塌落,在浇筑混凝土后护壁容易产生位移和歪斜,为此应注意检查和及时纠正。

6.4　人工挖孔灌注桩的施工

(1)开孔前,桩位应定位放样准确,在桩位外设置定位龙门桩,安装护壁模板必须用桩心点校正模板位置,并由专人负责。

(2)第一节井圈护壁应符合下列规定:

①井圈中心线与设计轴线的偏差不得大于 20 mm;

②井圈顶面应比场地高出 150 ~ 200 mm,壁厚比下面井壁厚度增加 100 ~ 150 mm。

(3)修筑井圈护壁应遵守下列规定:

①护壁的厚度、拉结钢筋、配筋、混凝土强度均应符合设计要求;

②上下节护壁的搭接长度不得小于 50 mm;

③每节护壁均应在当日连续施工完毕;

④护壁混凝土必须保证密实,根据土层渗水情况使用速凝剂;

⑤护壁模板的拆除宜在 24 h 之后进行;

⑥发现护壁有蜂窝、漏水现象时,应及时补强以防造成事故;

⑦同一水平面上的井圈任意直径极差不得大于 50 mm。

(4)遇有局部或厚度不大于 1.5 m 的流动性淤泥和可能出现涌土涌砂时,护壁施工宜按下列方法处理:

①每节护壁的高度可减小到 300 ~ 500 mm,并随挖、随验、随浇注混凝土;

②采用钢护筒或有效的降水措施。

(5)挖至设计标高时,孔底不应积水,终孔后应清理好护壁上的淤泥和孔底残渣、积水,然后进行隐藏工程验收,验收合格后,应立即封底和浇筑桩身混凝土。

(6)浇筑桩身混凝土时,混凝土必须通过溜槽;当高度超过 3 m 时,应用串筒,串筒末端离孔底高度不宜大于2 m,混凝土宜采用插入式振捣器振实。

(7)当地下水渗入量过大(影响混凝土浇筑质量时),应采取有效措施保证混凝土的浇筑质量。

任务7　机械成孔桩的施工

根据施工工艺的不同,机械成孔灌注桩可以分为干作业成孔和湿作业成孔。两种成孔工艺适用于不同的地质条件和施工条件。

7.1　干作业成孔施工工艺

干作业成孔主要适用于地下水位以上的各种软、硬土(土质条件较好)中的成孔。经常使用履带式螺旋钻机(图5.17)。

干作业成孔灌注桩是先用钻机在桩位处进行钻孔,然后将钢筋骨架放入桩孔内,再浇筑混凝土而成的桩,如图5.18所示。

螺旋钻开始钻孔时,应保持钻杆垂直,位置正确,防止因钻杆晃动引起扩大孔径及增加孔底虚土。在钻孔过程中,要随时清理孔口积土。如发现钻杆跳动、机架晃动、钻不进去或钻头发出响声时,说明钻机有异常情况,应立即停车,研究处理。当遇到地下水、塌孔、缩孔等情况时,应会同有关单位研究处理。在孔钻到预定深度后,先在原处空钻清土,然后停钻提起钻杆。

桩孔钻成并清孔后吊放钢筋骨架,浇筑混凝土。混凝土浇筑时应随浇随振,每次高度不得大于1.5 m。

7.2　湿作业成孔施工工艺

湿作业成孔是指用泥浆保护孔壁、出渣成孔,适用范围较广,地下水位以上或以下均适用,也适用于地质情况复杂、夹层多、风化不均、软硬变化大的岩层。

7.2.1　主要技术问题

1. 埋设护筒

护筒一般为工具式钢板护筒,多为挖坑埋设,其主要作用是定桩位、保护孔口、提高泥浆压力。

2. 泥浆护壁

泥浆的制备通常选用高塑性黏土或膨润土 + 水 + 掺和剂,这样做出来的泥浆具有触变的特性。泥浆的作用是保护孔壁,携带泥渣,润滑、冷却钻头。

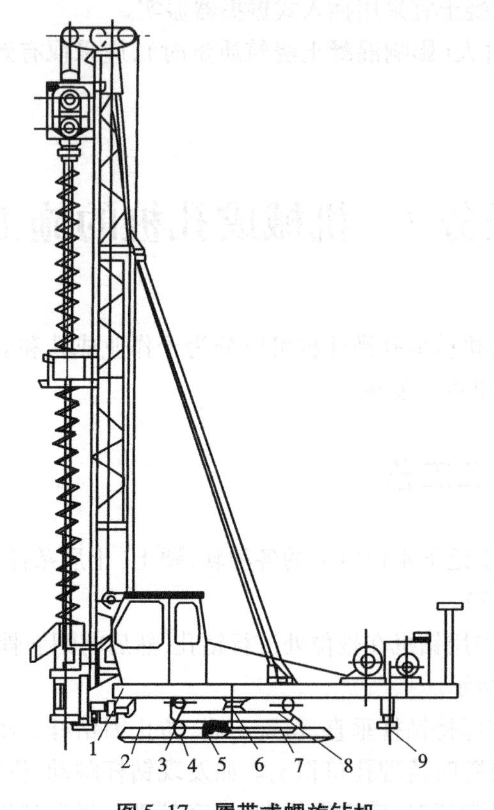

图 5.17 履带式螺旋钻机

1—上盘;2—下盘;3—回转滚轮;4—行走滚轮;5—钢丝滑轮;6—回转中心轴;7—行车油缸;8—中盘;9—支撑盘

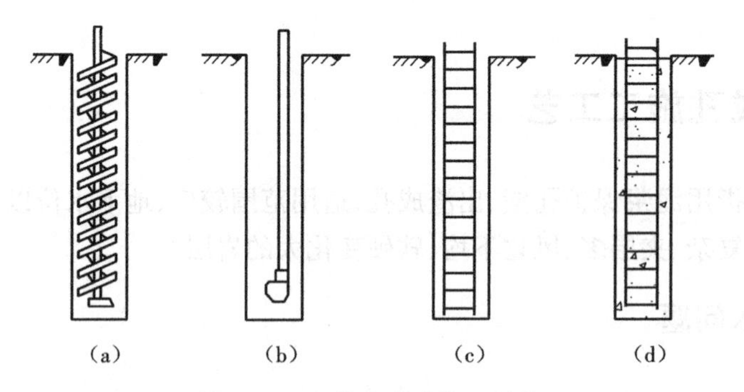

图 5.18 干作业成孔施工过程

(a)钻孔 (b)清孔 (c)放入钢筋笼 (d)浇筑混凝土

3. 清孔

清孔质量直接影响桩端阻力的发挥。在实际工程中通常采用真空吸泥渣、射水抽渣、循环换浆等方法。

4. 水下混凝土的浇筑

此法将在后续课程中讲述。

7.2.2　泥浆护壁的主要施工工艺

泥浆护壁的工艺流程一般按照图5.19实施。

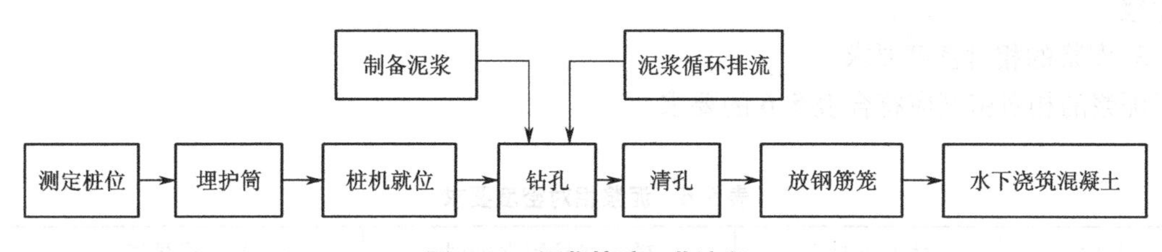

图5.19　泥浆护壁工艺流程

1. 埋设护筒

1) 护筒的作用

护筒的作用是固定桩孔位置、保护孔口、增加桩孔内水压，以防塌孔及成孔时引导钻头方向。

2) 护筒的埋设

埋设位置应准确稳定，护筒中心线与桩位中心线偏差不得大于50 mm。护筒埋设应牢固密实，护筒与坑壁之间用黏土填实，以防漏水。护筒的埋设深度一般不宜小于1.0～1.5 m。护筒顶面高于地面0.4～0.6 m，并应保持孔内泥浆面高于地下水位1 m以上，防止塌孔。当灌注桩混凝土达到设计强度25%以后，方可拆除护筒，如图5.20所示。

图5.20　埋设护筒

2. 制备泥浆

1) 护壁泥浆的作用

泥浆吸附在桩孔孔壁上，将孔壁空隙填塞密实，防止漏水，并保持孔内的水压，可以稳固土

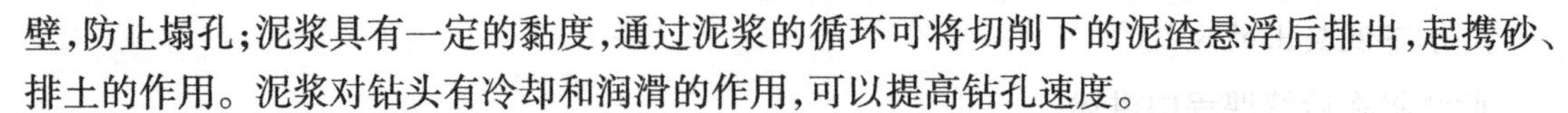

壁，防止塌孔；泥浆具有一定的黏度，通过泥浆的循环可将切削下的泥渣悬浮后排出，起携砂、排土的作用。泥浆对钻头有冷却和润滑的作用，可以提高钻孔速度。

2)泥浆的制备

在黏性土和粉质黏土中成孔时，采用自配泥浆护壁，即在孔中注入清水，使清水和孔中钻头切削来的土混合而成。在砂土或其他土中钻孔时，应采用高塑性黏土或膨润土加水配制护壁泥浆。

3)泥浆的相对密度要求

泥浆的相对密度应符合表 5.6 的要求。

表 5.6　泥浆相对密度要求

名称	黏土或粉质	砂土或较厚夹砂层	砂夹卵石或易塌孔土层
相对密度	1.1 ~ 1.2	1.1 ~ 1.3	1.3 ~ 1.5

施工中应经常测定泥浆相对密度，并定期测定浓度、含水率和胶体率等指标，对施工中废弃的泥浆、渣应按环保的有关规定处理。

3. 成孔

1)潜水钻机成孔

潜水钻机的工作部分由封闭式防水电机、减速机和钻头组成，工作部分潜入水中，如图 5.21 所示。这种钻机体积小、重量轻、桩架轻便、移动灵活，钻进速度快(0.3 ~ 2 m/min)，噪声小，钻孔直径 600 ~ 1 500 mm，钻孔深度可达 50 m。适用于地下水位高的淤泥质土、黏性土、砂土等土层中成孔。

2)回转钻机成孔

回转钻机是由动力装置带动钻机的回转装置转动，从而使钻杆带动钻头转动，由钻头切削土壤。这种钻机性能可靠，噪声和振动小，效率高、质量好，适用于松散土层、黏性土层、砂砾层、软硬岩层等各种地质条件。

3)冲击钻成孔

冲击钻是把带钻刃的重钻头(又称冲抓)提高，靠自由下落的冲击力来削切土层或岩层，排出碎渣成孔。它适用于碎石土、砂土、黏性土及风化岩层等，桩径可达 600 ~ 1 500 mm。

4) 冲抓锥成孔

冲抓锥成孔是将冲抓锥头提升到一定高度，锥斗内有压重铁块和活动抓片，下落时抓片张开，钻头自由下落冲入土中，然后开动卷扬机拉升钻头，此时抓片闭合抓土，将冲抓锥整体提升至地面卸土，依次循环成孔，如图 5.22 所示，适用于松散土层。

5)成孔过程的排渣方法

(1)抽渣筒排渣，如图 5.23 所示，构造简单，操作方便，抽渣时一般需将钻头取出孔外，放入抽渣筒，下部活门打开，泥渣进入筒内，上提抽渣筒，活门在筒内泥渣的重力作用下关闭，将泥渣排出孔外。

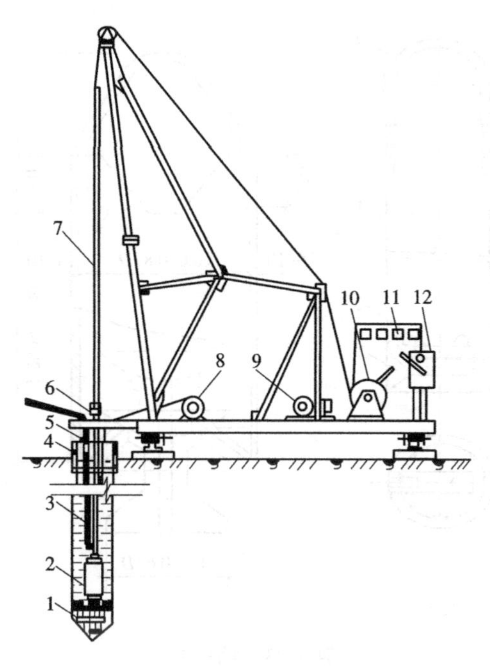

图 5.21　潜水钻机

1—钻头;2—潜水钻机;3—电缆;4—护筒;5—水管;6—滚轮支点;
7—钻杆;8—电缆盘;9—卷扬机;10—控制箱;11—电流电压表;12—启动开关

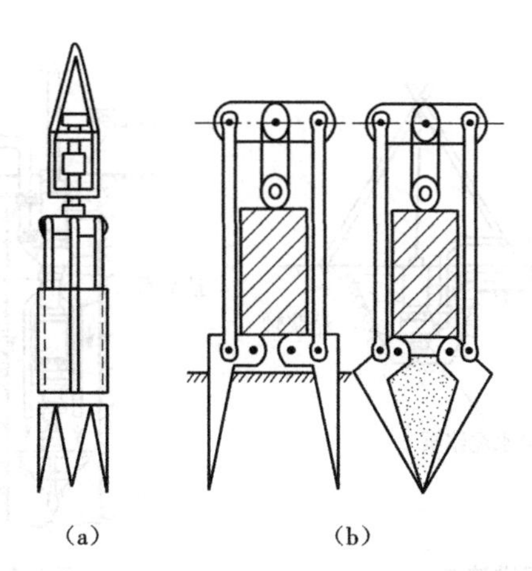

图 5.22　冲抓锥斗

(a)抓土　(b)提土

(2)泥浆循环排渣——正循环排渣法,是泥浆沿钻杆内部上升并从端部喷出,泥浆携带钻下的土渣一并流入沉淀池,经沉淀的泥浆流入泥浆池由泵注入钻杆,再次循环使用,而沉淀的泥渣用泥浆车运出场外,如图 5.24 所示。

(3)泥浆循环排渣——反循环排渣法,是泥浆由孔口流入孔内,同时砂石泵沿钻杆内部吸渣,将钻下的土渣从钻杆内腔吸出并排入沉淀池,沉淀后的泥浆流入泥浆池。反循环工艺排渣

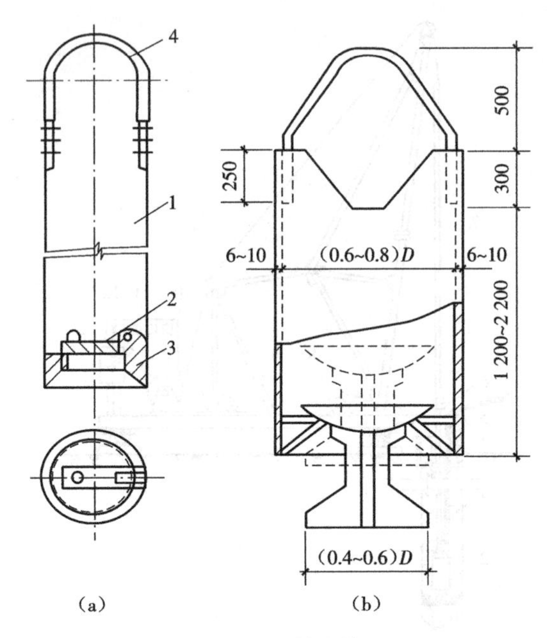

图 5.23　抽渣筒

(a)平阀抽渣筒　(b)碗形活门抽渣筒

1—筒体;2—平阀;3—切削管轴;4—提环

效率高,如图 5.25 所示。

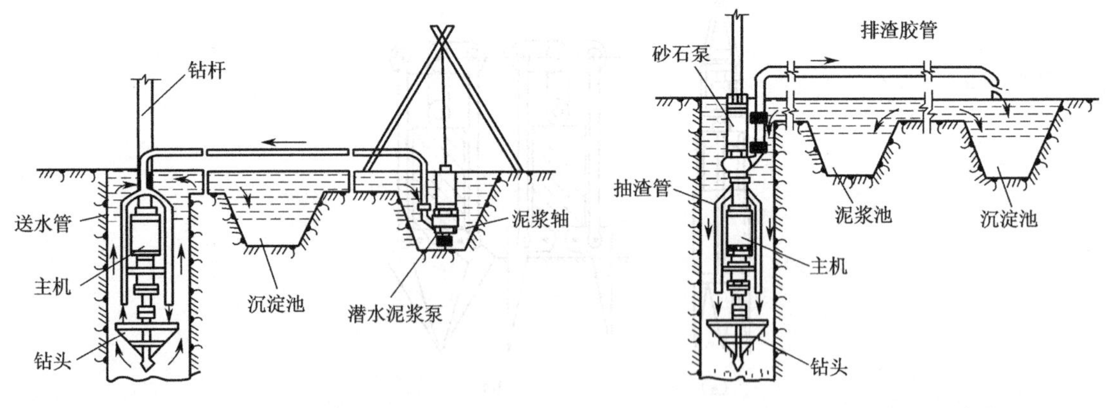

图 5.24　泥浆正循环排渣法　　　**图 5.25　泥浆反循环排渣法**

(4)清孔。当钻孔达到设计要求深度后,应进行成孔质量的检查和清孔,清除孔底沉渣、淤泥,以减少桩基的沉降量,保证成桩的承载力。清孔可采用泥浆循环法或抽渣筒排渣法。如孔壁土质较好不易塌孔时,也可用空气吸泥机清孔。

清孔后的泥浆相对密度,当在黏土中成孔时,泥浆相对密度应控制在 1.1 左右,土质较差时应控制在 1.15 ~1.25。在清孔过程中必须随时补充足够的泥浆,以保持浆面的稳定,一般应高于地下水位 1.0 m 以上。清孔满足要求后,应立即安放钢筋笼,浇筑混凝土。

(5)浇筑水下混凝土。泥浆护壁成孔灌注桩混凝土的浇筑是在泥浆中进行的,故为水下浇筑混凝土。常用的方法主要有:导管法(图5.26)和泵送混凝土。

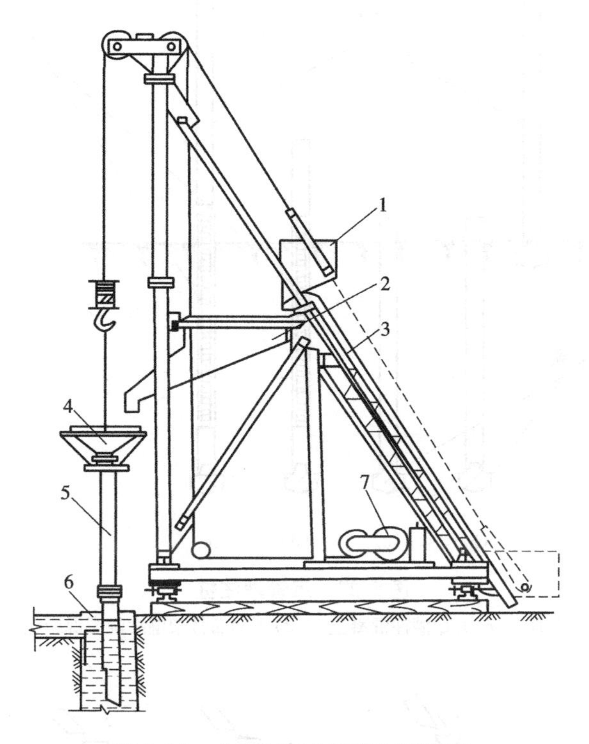

图5.26　水下混凝土浇筑(导管法)

1—料斗;2—送料斗;3—滑道;4—漏斗;5— 导管;6—护筒;7—卷扬机

任务8　沉管成孔的施工

8.1　沉管灌注桩的概念

沉管灌注桩的施工工艺可以认为是预制桩施工工艺和灌注桩施工工艺的有机结合和运用,是将预制桩的沉桩的方法用于沉管,混凝土的灌注仍然采用机械或者人工成孔灌注混凝土的方法,图5.27展示了沉管灌注的施工工艺。

沉管的方法如同前面讲的预制桩沉管的方法,可以采用锤击沉管和振动沉管的方法。对于振动沉管的方法,由于沉管施工的独特特点,又可以分为单打法、复打法(图5.28)和反插法。

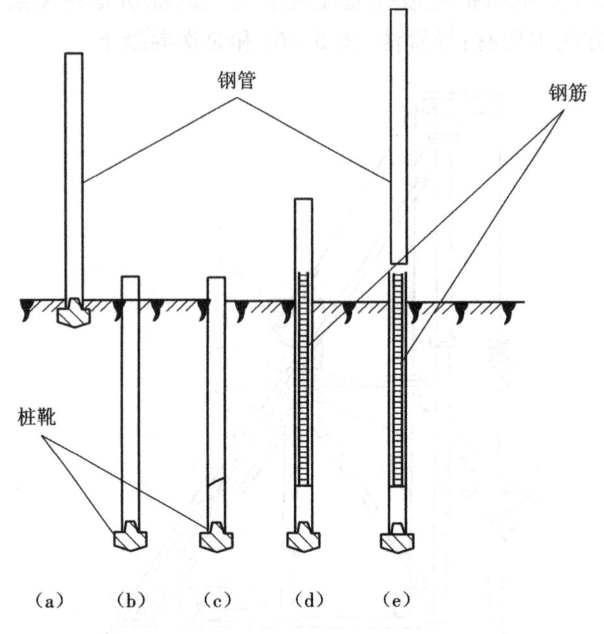

图 5.27　沉管灌注桩

(a)就位　(b)沉套管　(c)开始灌注混凝土　(d)下钢筋骨架继续浇灌混凝土　(e)拔管成型

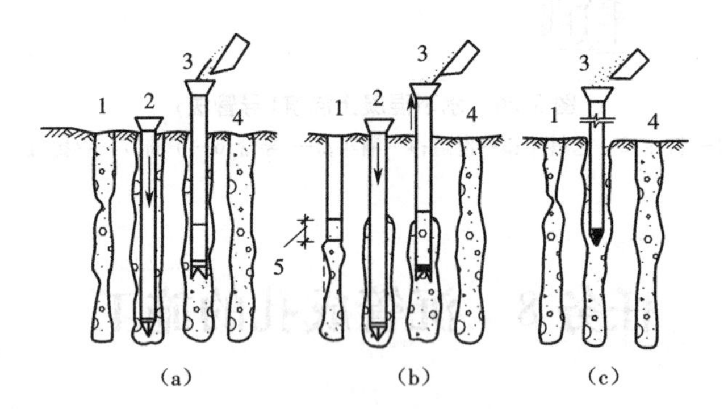

图 5.28　复打法沉管施工工艺

(a)全部复打　(b)、(c)局部复打

1—单打桩;2—沉管;3—第二次浇筑混凝土;4—复打柱;5—预先加入 1 m 高的混凝土

8.2　沉管灌注桩的施工工艺

沉管成孔灌注桩是利用锤击或振动方法将带有桩尖(桩靴)的桩管(钢管)沉入土中成孔。当桩管打到要求深度后,放入钢筋骨架,边浇筑混凝土,边拔出桩管而成桩,其施工工艺过程,如图 5.29 所示。套管成孔灌注桩使用的机具设备与预制桩施工设备基本相同。

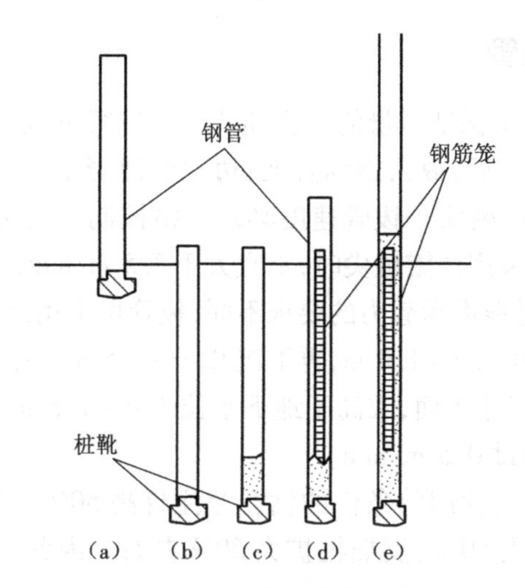

图5.29　套管灌注桩施工过程

(a)就位　(b)沉套管　(c)初灌混凝土　(d)放钢筋笼、灌注混凝土　(e)拔管成桩

8.2.1　桩靴与桩管

桩靴可分为钢筋混凝土预制桩靴和活瓣式桩靴如图5.30所示两种,其作用是阻止地下水及泥砂进入桩管,因此,要求桩靴应具有足够强度,开启灵活,并与桩管贴合紧密。

8.2.2　成孔

常用的成孔机械有振动沉管机和锤击沉桩机。由于成孔不排土,而靠沉管时把土挤压密实,所以群桩基础或桩中心距小于3~3.5倍的桩径时,应制定合理的施工顺序,以免影响相邻桩的质量。

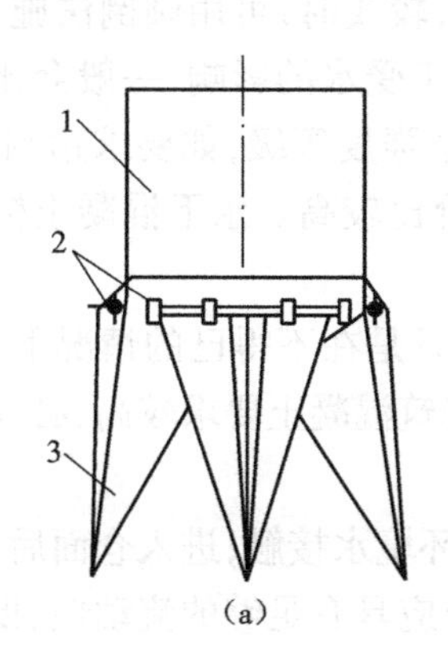

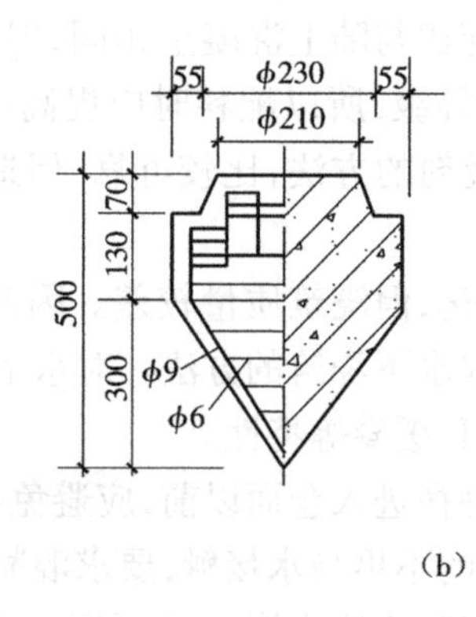

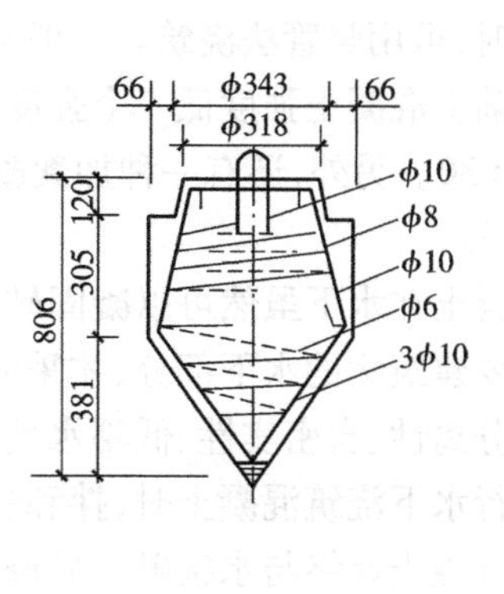

图5.30　桩尖示意图

(a)活瓣桩尖　(b)混凝土预制桩尖

1—桩管;2—锁轴;3—活瓣

8.2.3　混凝土浇筑与拔管

浇筑混凝土和拔起桩管是保证质量的重要环节。当桩管沉到设计标高后，停止振动或锤击，检查管内无泥浆或水进入后，放入钢筋骨架，边灌注混凝土边进行拔管，拔管时必须边振(打)边拔，以确保混凝土振捣密实。拔管速度必须严格控制。当采用振动沉桩时，桩尖为预制的，不宜大于4 m/min，如采用活瓣桩尖时，不宜大于2.5 m/min；当采用锤击沉管时，宜控制在0.8～1.2 m/min。拔管时根据承载力的要求不同，拔管可采用反插法。

反插法，即将桩管每提升0.5～1.0 m，再下沉0.3～0.5 m。在拔管过程中分段浇筑混凝土，使管内混凝土始终不低于地表面，或高于地下水位1.0～1.5 m以上，如此反复进行，直至拔管完毕。拔管速度不应超过0.5 m/min。

套管成孔灌注桩的承载力比同等条件的钻孔灌注桩高50%～80%。单打桩截面比沉入的钢管扩大30%，复打桩扩大80%，反插桩扩大50%左右。因此，套管成孔灌注桩具有用小钢管浇筑出大断面桩的效果。

任务9　桩基础的混凝土施工

在前面的情境中已经较多地介绍了基础混凝土施工的工艺和质量控制要求，在这里主要就桩基础中运用较多的水下混凝土浇筑的方法做一个简单地介绍。

9.1　水下混凝土的基本概念

水下混凝土为水中浇筑的混凝土。根据水深确定施工方法，较浅时，可用倾倒法施工，水深较深时，可用竖管法浇筑。一般配比与陆上混凝土相同，但由于受水的影响，一般会比同条件下的陆上混凝土强度低一个强度等级，所以配料时应提高一个强度等级，如要求达到C25，应配到C30。另外，还有一种加絮凝剂的方法，比较可靠，但造价比较高。水下混凝土标号不低于C25。

混凝土在水下虽然可以凝固硬化，但浇筑质量较差。因此，只是在不得已的情况下，或在一些次要建筑物的水下部分，才采取水下浇筑的方法。对水下浇筑混凝土要求较高，必须具有水下不分离性、自密实性、低泌水性和缓凝等特性。

进行水下浇筑混凝土时，拌和物在进入仓面以前，应避免与环境水接触；进入仓面后，与水接触的混凝土始终与水接触。后浇的不再与水接触，要求混凝土应具有足够的流动性、抵抗泌水和分离的稳定性，而且必须在确能防止流水影响的围堰内进行。浇筑不得中断。在浇筑完成后24 h内，围堰不得抽水。

为了保证混凝土有良好的流动性，以便利用自身重量沉实，同时保证具有抵抗泌水和分离的稳定性，水下浇筑的混凝土其水泥用量要求比一般混凝土多，用量在380～450 kg/m^3，水灰比应不超过0.55。含砂率和用水量也相应较高，而且不能用过大的粗骨料。

水下混凝土与大流动度混凝土类同。根据水下浇筑的特点，应加入水下不分离的外加剂，即增稠剂或增黏剂。增稠剂可分为丙烯酸和纤维素两类。丙烯酸类有聚丙烯酰胺水解物、丙烯酰胺和丙烯酸共聚物。纤维素类有羟乙基甲基纤维素、羟乙基纤维素和羟基丙酰甲基纤维素等。掺入重量占水泥重的0.15%～1%。纤维素类具有缓凝性，掺量应偏小些。由于水下混凝土加入了增黏剂，黏度较大，这也是与自密实混凝土不同之处。

9.2　水下混凝土的浇筑方法

水下浇筑混凝土的方法有：混凝土泵浇筑法、导管法、柔性管法、活底吊箱法、袋砌法、倾注法和预填骨料压浆法。其中以混凝土泵浇筑法和导管法较好，其设备和施工比较简单，质量容易保证。

9.2.1　导管法

导管法浇筑水下混凝土，适用于水深不超过15～25 m的情况。导管的直径为25～30 cm，每节长1～2 m，用橡皮衬垫的法兰盘连接，底部应装设自动开关阀门，顶部装设漏斗。导管的数量与位置，应根据浇筑范围和导管的作用半径来确定。一般作用半径不应大于3 m。

在浇筑过程中，导管只允许上下升降，不得左右移动。开始浇筑时，导管底部应接近地基5～10 cm，而且导管内应经常充满混凝土，管下口必须埋于混凝土表面下约1.0 m，使只有表面一层混凝土与水接触。随着混凝土的浇筑，徐徐提升漏斗和导管。每提到一个管节高度后，即拆除一个管节，直到混凝土浇出水面为止。与水接触的表层约10 cm厚的混凝土，质量较差，最后应全部清除掉。

9.2.2　袋砌法

袋砌法浇筑水下混凝土，系把混凝土半满地装入牢固的麻袋或布袋中，由潜水员在水下进行砌浇。袋的孔隙应能使砂浆渗出但不宜过大。采取这种浇筑方法，袋与袋之间的层面，虽然可以从袋孔中挤出的水泥浆互相胶结，但其整体性终究是很差的。此种混凝土的坍落度以5～7 cm为宜，不得采用干拌混凝土。混凝土袋应交错放置，相互靠紧。

9.2.3　倾注法

倾注法浇筑水下混凝土，可用于岸边水深不超过1.5 m的情况。新浇的混凝土堆用夯击或振动等方法挤入已浇的混凝土体中，使只有前沿的混凝土坡面与水直接接触。混凝土的坍落度以7～10 cm为宜。采用此种方法应尽量缩短浇筑时间，在浇筑工作未完成之前，先浇的混凝土不得凝固。

9.2.4　柔性管法

柔性管法是采用柔性软管输送混凝土，利用周围的水对软管的压力控制混凝土的下落速度。活底吊箱法是将混凝土装在能够开底的密闭吊箱内，通过水层直达浇筑地点，当密闭吊箱内的混凝土距离孔底 0.3 ~ 0.4 m 时，打开密闭吊箱进行卸料。

9.2.5 预填骨料压浆法

水下预填骨料压浆法，要求水泥砂浆具有一定的流动度和一定的抗离析能力。砂浆压力与灌注浆液的稠度、预填骨料平均粒径及要求扩散半径有关。如果预填骨料平均粒径在 150 mm 以内，扩散半径在 1.5 m 以内，当水深为零时，管底出 浆压力为 50 ~ 150 kPa。有水仓面，管底出浆压力应再加上相应水深引起的水压力。

水下混凝土浇筑是一项不能直观的隐蔽施工过程，必须加强质量检验才能保证工程质量。特别是在浇筑过程中应随时检查是否按工艺规程进行。拆模后还应通过外观检查，必要时还要进行钻芯检查和进行压水试验。

任务 10 桩基础的质量及安全控制

10.1 桩基础的质量控制

10.1.1 预制桩质量控制要点

(1)打桩的质量检查包括桩的偏差、最后贯入度与沉桩标高，桩顶、桩身是否打坏以及对周围环境是否造成严重危害。

(2)打桩质量必须满足贯入度或标高的设计要求，垂直偏差不应大于桩长的 0.5%，钢筋混凝土桩打入后在平面上与设计位置的允许偏差不超过 100 ~ 150 mm。

(3)在打桩过程中发现桩头被打碎，最后贯入度过大，桩尖标高达不到设计要求，桩身被打断，桩位偏差过大，桩身倾斜等严重质量，都应当会同设计单位研究，采取有效措施加以处理。

10.1.2 灌注桩适用范围

灌注桩适用范围见表 5.7。

表5.7 灌注桩适用的范围

项次	项目		适用范围
1	干作业成孔	螺旋钻	地下水位以上的黏性土、砂土及人工填土
		钻孔扩底	地下水位以上的坚硬、硬塑的黏性土及中密以上的砂土
		机动洛阳铲	地下水位以上的黏性土,稍密及松散的砂土
2	泥浆护壁成孔	冲抓冲击回转钻	碎石土、砂土、黏性土及风化岩
		潜水钻	黏性土砂土、淤泥、淤泥质土
3	套管成孔	锤击振动	可塑、软塑、流塑的黏性土,稍密及松散的砂土
4	爆扩成孔		地下水位以上的黏性土、黄土、碎石土及风化岩石

10.1.3 套管成孔常见的质量问题

1. 灌注桩混凝土中部有空隔层或泥水层、桩身不连续

灌注桩混凝土中部有空隔层或泥水层、桩身不连续主要是由于钢管的管径较小,混凝土骨料粒径过大、和易性差、拔管速度过快造成。预防措施:应严格控制混凝土的坍落度不小于5~7 cm,骨料粒径不超过3 cm,拔管速度不大于2 m/min,拔管时应密振慢拔。

2. 缩颈

缩颈是指桩身某处桩径缩减,小于设计断面。产生的原因是在含水率很高的软土层中沉管时,土受挤压产生很高的空隙水压,拔管后挤向新灌的混凝土,造成缩颈。因此施工时应严格控制拔管速度,并使桩管内保持不少于2 m高的混凝土,以保证有足够的扩散压力,使混凝土出管压力扩散正常。

3. 断桩

断桩主要是桩中心距过近,打邻近桩时受挤压;或因混凝土终凝不久就受震动和外力作用所造成。故施工时为消除临近沉桩的相互影响,避免引起土体竖向或横向位移,最好控制桩的中心距不小于4倍桩的直径。如不能满足时,则应采用跳打法或相隔一定技术间歇时间后再打邻近的桩。

3. 吊脚桩

吊脚桩是指桩底部混凝土隔空或混进泥砂而形成松软层。其形成的原因是预制桩尖质量差,沉管时被破坏,泥砂、水挤入桩管。

10.1.4 灌注桩施工质量要求

(1)灌注桩的成桩质量检查包括成孔及清孔、钢筋笼制作及混凝土搅拌及灌注三个工序过程的质量检查。

(2)成孔及清孔时主要检查已成孔的中心位置、孔深、孔径、垂直度、孔底沉渣厚度。

(3)钢筋笼制作安放时主要检查钢筋规格、焊条规格、品种、焊口规格、焊缝长度、焊缝外观和质量、主筋和箍筋的制作偏差及钢筋笼安放的实际位置等。

(4)混凝土搅拌和灌注时主要检查原材料质量与计量、混凝土配合比、坍落度等。对于沉管灌注桩还要检查打入深度、桩锤标准、桩位及垂直度等。

(5)灌注桩允许的偏差值见表5.8。

表5.8　灌注桩允许偏差值

<table>
<tr><th rowspan="2">序号</th><th rowspan="2" colspan="2">成孔方法</th><th rowspan="2">桩径偏差/mm</th><th rowspan="2">垂直度允许偏差/(%)</th><th colspan="2">桩位允许偏差/mm</th></tr>
<tr><th>单桩、条形基沿垂直轴线方向的群桩基础中的边桩</th><th>条形桩基沿轴线方向和群桩基础中间柱</th></tr>
<tr><td rowspan="2">1</td><td rowspan="2">泥浆护壁冲(钻)孔桩</td><td>$d \leqslant 1\,000$ mm</td><td>$-0.1d$ 且 $\leqslant -50$</td><td rowspan="2">1</td><td>$d/6$ 且不大于100</td><td>$d/4$ 且不小于150</td></tr>
<tr><td>$d \geqslant 1\,000$ mm</td><td>-50</td><td>$100+0.01H$</td><td>$150+0.01H$</td></tr>
<tr><td rowspan="2">2</td><td rowspan="2">锤击(振动)沉管、振动冲击沉管成孔</td><td>$d \leqslant 500$ mm</td><td rowspan="2">-20</td><td rowspan="2">1</td><td>70</td><td>150</td></tr>
<tr><td>$d \geqslant 500$ mm</td><td>100</td><td>150</td></tr>
<tr><td>3</td><td colspan="2">螺旋钻、机动洛阳铲钻矿孔底</td><td>-20</td><td>1</td><td>70</td><td>150</td></tr>
<tr><td rowspan="2">4</td><td rowspan="2">人工挖孔桩</td><td>现浇混凝土护壁</td><td>±50</td><td>0.5</td><td>50</td><td>—</td></tr>
<tr><td>长钢套管护壁</td><td>±20</td><td>1</td><td>100</td><td>—</td></tr>
</table>

注:①桩径允许偏差的负值是指个别断面;

②采用复打、反插法施工的桩径允许偏差不受本表限制。

10.2　桩基础的安全控制

10.2.1　人工挖孔应注意的安全措施

(1)现场管理人员应向施工人员仔细交代挖孔桩处的地质情况和地下水情况,提出可能出现的问题和应急处理措施。要有充分的思想准备和备有充足的应急措施所用的材料、机械。要制定安全措施,并要经常检查和落实。

(2)孔下作业不得超过2人,作业时应戴安全帽、穿雨衣、雨裤及长筒雨靴。孔下作业人员和孔上人员要有联络信号。地面孔周围不得摆放铁锤、锄头、石头和铁棒等坠落伤人的物品。每工作1 h,井下人员和地面人员进行交换。

(3)井下人员应注意观察孔壁变化情况。如发现塌落或护壁裂纹现象应及时采取支撑措施。如有险情,应及时给出联络信号,以便迅速撤离,并尽快采取有效措施排除险情。

(4)地面人员应注意孔下给出的联络信号,反应灵敏快捷。经常检查支架、滑轮、绳索是否牢固。下吊时要挂牢，提上来的土石要倒干净，卸在孔口2 m以外。

(5)施工中抽水、照明、通风等所配电气设备应一机一闸一漏电保护器，供电线路要用三芯橡皮线，电线要架空，不得拖拽在地上。经常检查电线和漏电保护器是否完好。

(6)从孔中抽水时排水口应距孔口5 m以上，并保证施工现场排水畅通。

(7)当天挖孔，当天浇注护壁。人离开施工现场，要把孔口盖好，必要时要设立明显警戒标志。

(8)由于土层中可能有腐殖质物或邻域腐殖质物产生的气体逸散到孔中，因此，要预防孔内有害气体的侵害。施工人员和检查人员下孔前10 min把孔盖打开，如有异常气味应及时报告有关部门，排除有害气体后方可作业。

(9)挖孔6～10 m深度时，每天至少向孔内通风1次，超过10 m每天至少通风2次，如果孔下作业人员感到呼吸不畅时也要及时通风。

10.2.2　桩基工程的安全技术

(1)机具进场要注意危桥、陡坡、陷地和防止碰撞电杆、房屋等，以免造成事故。

(2)在打桩过程中遇有地坪隆起或陷下时，应随时对机架及路轨调整垫平。

(3)在施工操作时，机械司机要思想集中，服从指挥信号，不得随便离开工作岗位，并经常注意机械运转情况，发现异常及时纠正。

(4)在打桩时桩头垫料严禁用手拨正，不要在桩锤未打到桩顶即起锤或过早刹车，以免损坏桩机设备。

(5)操作成孔钻机时，要随时注意钻机的安全平稳性，以防钻架突然倾倒或钻具突然下落而发生事故。

习　　题

一、不定项选择题

1. 利用地层与基桩的摩擦力来承载构造物并可分为压力桩及拉力桩，大致用于地层无坚硬之承载层或承载层较深的桩叫作(　　)。

A. 摩擦桩　　B. 端承桩　　C. 预制桩　　D. 灌注桩

2. (　　)优点是材料省，强度高，适用于较高要求的建筑，缺点是施工难度高，受机械数量限制施工时间长。

A. 摩擦桩　　B. 端承桩　　C. 预制桩　　D. 灌注桩

3. 桩基的检查方法包括(　　)。

A. 静荷载试验　　B. 低应变检测　　C. 高应变检测　　D. 声波透射法

E. 钻孔取芯法

4. 桩基础的施工图包括桩的定位平面布置图、承台平面布置图以及钢筋笼配筋图和(　　)。

A. 细部详图　　B. 构造详图　　C. 大样图　　D. 剖面图

5. 以下(　　)表示的是坡形承台。

A. CTJ　　B. CTF　　C. CTL　　D. CTP

6. 钻(挖)孔桩是就地灌注的钢筋混凝土桩,桩身常为实心截面,桩身混凝土标号可采用C15 ~ C25,水下混凝土不应低于(　　)。

A. C20　　B. C25　　C. C30　　D. C40

7. 顺钢筋笼方向每隔(　　)加一道直径 16 ~ 22 mm 的骨架钢筋,增强钢筋笼的整体刚度。

A. 2 ~ 2.5 m　　B. 1.5 ~ 2 m　　C. 3 ~ 3.5 m　　D. 2.5 ~ 3 m

8. 预制桩的强度要达到设计强度的(　　),才能起吊;达到设计强度的(　　),才能运输。

A. 75%,100%　　B. 80%,100%　　C. 85%,90%　　D. 70%,100%

9. 沉桩的方法有(　　)。

A. 锤击　　B. 静压　　C. 振动　　D. 水冲

E. 人工挖孔

10. 当桩的长度不够时,需要接桩,接桩的方法在实际工程中有焊接、(　　)以及锚接三种常用的接桩方法。

A. 螺栓连接　　B. 铰接　　C. 刚接　　D. 法兰连接

11. (　　)适用于软土、粉土、松砂等土层,不宜用于密实的粉性土、砾石等土层。

A. 锤击　　B. 静压　　C. 振动　　D. 水冲

12. 护筒的埋设深度一般不宜小于(　　),护筒顶面高于地面(　　),并应保持孔内泥浆面高于地下水位(　　)以上,防止塌孔。

A. 1.0 ~ 1.5 m、0.4 ~ 0.6 m、1 m　　B. 0.1 ~ 1.0 m、0.4 ~ 0.7 m、0.8 m

C. 1.5 ~ 2.0 m、0.4 ~ 0.8 m、1.5 m　　D. 0.1 ~ 1.0 m、0.4 ~ 0.9 m、0.6 m

13. 在黏性土和粉质黏土中成孔时,采用自配泥浆护壁,即在孔中注入清水,使清水和孔中钻头切削来的土混合而成,对于此类土所要求采用的泥浆的相对密度是(　　),采用(　　)进行检测。

A. 1.1 ~ 1.3　　B. 1.0 ~ 1.4　　C. 1.1 ~ 1.2　　D. 1.3 ~ 1.5

14. 在进行人工挖孔桩时,孔下作业人员人数要求一般不超过(　　)个人,作业时应穿戴好劳保用品。

A. 1　　B. 2　　C. 3　　D. 4

15. 人工挖孔桩,若是采用现浇混凝土护壁,那么桩体的垂直度允许偏差要求是(　　)。

A. 2%　　B. 1%　　C. 0.8%　　D. 0.5%

二、判断题

1. 为确保桩基施工安全有序进行,深度大于 10 m 的桩孔应有送风装置,每次开工前 5 min 送风。　　(　　)

2. 桩护壁一般采用 C25 混凝土,钢筋采用 HPB300。　　(　　)

3. 湿作业成孔的主要技术问题包括埋设护筒、泥浆护壁、清孔以及水下混凝土的浇筑。 ( )

4. 泥浆在桩孔内吸附在孔壁上,将孔壁上空隙填塞密实,防止漏水,保持孔内的水压,可以稳固土壁,防止塌孔。 ( )

5. 潜水钻机的工作部分由封闭式防水电机、减速机和钻头组成,工作部分潜入水中。这种钻机体积小、重量轻、桩架轻便、移动灵活,钻进速度快(0.3 ~2 m/min),噪声小,钻孔直径600 ~2000 mm,钻孔深度可达70 m。 ( )

6. 套管成孔灌注桩的承载力比同等条件的钻孔灌注桩提高50 ~80%。单打桩截面比沉入的钢管扩大30%,复打桩扩大80%,反插桩扩大50%左右。因此,套管成孔灌注桩具有用小钢管浇筑出大断面桩的效果。 ( )

7. 回转钻机是由动力装置带动钻机的回转装置转动,从而使钻杆带动钻头转动,由钻头切削土壤,这种钻机性能可靠,噪声和振动小,效率高、质量好,适用于地下水位高的淤泥质土、黏性土、砂土等土层中成孔。 ( )

8. 人工挖孔桩施工时,施工中抽水、照明、通风等所配电气设备应一机一闸一漏电保护器,供电线路要用三芯橡皮线,电线要架空,不得拖拽在地上,并经常检查电线和漏电保护器是否完好。 ( )

9. 人工挖孔桩从孔中抽水时排水口应距孔口2 m以上,并保证施工现场排水畅通。 ( )

10. 施工人员和检查人员下孔前10 min把孔盖打开,如有异常气味应及时报告有关部门,排除有害气体后方可作业。 ( )

三、简答题

1. 请简述桩基础的特点。

2. 请简述承台的几何尺寸要求。

3. 某预制桩的长度为12 m,在现场要对该桩进行起吊,技术人员,采取一个吊点的话,试计算该吊点的位置并绘制示意图。

4. 简述锤击沉桩的施工操作要领。

5. 请简述井圈护壁在施工时应符合的规定。

6. 请简述干作业机械成孔的施工工艺,并画出干作业成孔施工过程的示意图。

7. 简述湿作业成孔适用的范围。

8. 成孔过程的排渣方法,包括抽渣筒排渣和泥浆循环排渣,请简述正循环排渣的过程,并绘制反循环排渣原理的示意图。

9. 泥浆护壁成孔灌注桩混凝土的浇筑是在泥浆中进行的,故为水下浇筑混凝土。常用的方法主要有:导管法和泵送混凝土。请查阅相关资料,简述导管法浇筑水下混凝土的施工要点。

10. 沉管成孔施工工艺中,进行混凝土浇筑和拔管是保证桩体质量的重要环节,请简述各种沉管方法对于拔管速度的具体控制要求。

11. 请简述沉管成孔施工工艺中反插法的具体施工要求。

12. 套管成孔的常见质量问题有哪些？并分析造成桩体缩颈的原因以及施工时应该采取什么措施加以预控？

参 考 文 献

[1] 中国建筑标准设计研究院. 11G101—1 混凝土结构施工图平面整体表示方法制图规则和构造详图(现浇混凝土框架、剪力墙、梁、板)[S]. 北京:中国计划出版社,2011.
[2] 中国建筑标准设计研究院. 11G101—2 混凝土结构施工图平面整体表示方法制图规则和构造详图(现浇混凝土板式楼梯)[S]. 北京:中国计划出版社,2011.
[3] 中国建筑标准设计研究院. 11G101—3 混凝土结构施工图平面整体表示方法制图规则和构造详图(独立基础、条形基础、筏形基础及桩基承台)[S]. 北京:中国计划出版社,2011.
[4] 中华人民共和国住房和城乡建设部. GB 50010—2010 混凝土结构设计规范[S]. 北京:中国建筑工业出版社,2011.
[5] 中华人民共和国住房和城乡建设部. JGJ 3—2010 高层建筑混凝土结构技术规程[S]. 北京:中国建筑工业出版社,2011.
[6] 中华人民共和国住房和城乡建设部. GB 50204—2015 混凝土结构工程施工质量验收规范[S]. 北京:中国建筑工业出版社,2015.
[7] 中华人民共和国住房和城乡建设部. GB 50300—2013 建筑工程施工质量验收统一标准[S]. 北京:中国建筑工业出版社,2014.
[8] 中华人民共和国住房和城乡建设部. GB 50194—2014 建设工程施工现场供用电安全规范[S]. 北京:中国计划出版社,2015.
[9] 汪绯. 建筑工程质量事故的分析与处理[M]. 北京:化学工业出版社,2006.
[10] 雷宏刚. 土木工程事故分析与处理[M]. 武汉:华中科技大学出版社,2009.
[11] 邹绍明. 建筑施工技术[M]. 2 版. 重庆:重庆大学出版社,2007.
[12] 卢循. 建筑施工技术[M]. 北京:中国建筑工业出版社,1995.